礼记·孝经译注

（西汉）戴圣 著
贾德永 译注

北京联合出版公司
Beijing United Publishing Co.,Ltd.

目 录

礼 记

孝　经

前　言

《礼记》

一、《礼记》的书名

今本《礼记》，也称《小戴记》或《小戴礼记》，为儒家经典之一。《礼记》中的“礼”，指的是《仪礼》，“记”是对经文所作的解释说明。西汉时，《仪礼》取得了“经”的地位，而当时的《礼记》只是从属于《仪礼》，到汉末才独立成书，并逐步取得了经典的地位，影响越来越大。

《礼记》一书的得名，据目前材料，始于西汉刘歆，《汉书·韦玄成传》云：“太仆王舜、中垒校尉刘歆曰：《礼记·王制》及《春秋穀梁传》，天子七庙，诸侯五，大夫三，士二。其文曰：‘天子三昭三穆，与太祖之庙而七；诸侯二昭二穆，与太祖之庙而五。’”在西汉，时人也称《礼记》为《礼》或《记》。魏晋以后，《礼记》又有《小戴礼》之称。

特别需要指出的是，“礼”或“礼记”在两汉时并非为今天我们所见的四十九篇本《礼记》的专名。当时的《仪礼》也称《礼记》，因为《仪礼》一书中既有经，又有记，故有此名。如《史记·孔子世家》曰："故《书传》《礼记》自孔氏。"这里的"《礼记》"就是指《仪礼》。又《汉书·儒林传》曰："由是《礼》有大戴、小戴、庆氏之学。"这里的《礼》也指《仪礼》。因此，要特别注意理清《仪礼》《礼记》两书的渊源，避免误解。

二、《礼记》的编者与作者

《礼记》四十九篇，或单篇流行，或收录在儒家某弟子的著作中，或被编选在儒家弟子传授的笔记中，各篇作者不一，写作年代也不同。诚如梁启超所说："《礼记》为儒家者流一大丛书。"东汉经学家郑玄为《礼记》作注时，就没有把作者问题讲清楚。而班固注说："七十子后学所记也。"至于具体作者，也没有指明。唐人陆德明在其《经典释文·序录》中认为："《礼记》者，本孔子门徒共撰所闻以为此记，后人通儒各有损益。《中庸》是子思　所作，《缁衣》为公孙尼子所制。郑玄云，《月令》是吕不韦所撰。卢植云，《王制》是汉时博士所为。"可是陆氏的观点也不能得到公认。关于各篇作者问题之争，自郑玄注解以来，就没有停止过，迄今尚无定论。今人王锷《〈礼记〉成书考》对此问题考辨颇为翔实精当，可资参考。

至于编者，郑玄认为《礼记》是由西汉戴圣编撰而成。郑玄在《六艺论》中说："戴德传《记》八十五篇，则《大戴礼》是也。戴圣传《记》四十九篇，则此《礼记》是也。"自郑玄提出此观点后，唐人陆德明、孔颖达都持此说，近代学者王国维先生和当代学人周予同先生也赞同此说，此为传统观点。而近世也有学者质疑《礼记》编撰者的传统说法，如洪业先生认为《礼记》是戴圣之后郑玄之前，由多人合抄而成，非一人一时所辑成，此说法在学界颇有影响。

三、《礼记》的结构内容

《礼记》共四十九篇，其中《曲礼》《檀弓》《杂记》三篇因篇幅较长而分为上下两篇，实为四十六篇。《礼记》记载了夏、商、周特别是周王朝的典章制度以及冠婚丧祭燕射朝聘等礼仪，集中反映了儒家礼治的思想和主张。其内容相当杂，刘向最早对《礼记》进行分类。据郑玄《三礼目录》，刘向《别录》将《礼记》分为十一类。以后历代学者都有分类，且分类不一，见仁见智。今人王文锦先生《礼记译解》则将四十九篇分成八大类，其划分颇为允当，且利于初学者理解把握。兹录如下：

1. 有专记某项礼节的，体裁跟《仪礼》相近，如《奔丧》《投壶》。

2. 有专事说明《仪礼》的，如《冠义》《昏义》《乡饮酒义》《射义》《燕义》《聘义》《丧服四制》。它们是分别解释《仪礼》中《士冠礼》《婚礼》《乡饮酒礼》《乡射礼》《大射礼》《燕礼》《聘礼》《丧服》各篇制度意义的，跟《仪礼》关系最密切。

3. 有杂记丧服、丧事的，如《檀弓》《曾子问》《丧服小记》《杂记》《丧大记》《奔丧》《问丧》《服问》《间传》《三年问》《丧服四制》等。

4. 有记述各种礼制的，如《王制》《礼器》《郊特牲》《玉藻》《明堂位》《大传》《祭法》《祭统》《深衣》等篇。

5. 有侧重记日常生活礼节和守则的，如《曲礼》《内则》《少仪》等篇。

6. 有记孔子言论的，如《坊记》《表记》《缁衣》《仲尼燕居》《孔子闲居》《哀公问》《儒行》等，这些篇目大都是托名孔子的儒家言论。

7. 有结构比较完整的儒家论文，如《礼运》《学记》《祭义》《经解》《大学》《中庸》等篇。

8. 此外还有授时颁政的《月令》，以及意在为王子示范的《文王世子》。

四、《礼记》的主要注疏

东汉时，郑玄在卢植、马融、高诱等人的基础上为《礼记》作注。其注简明精当，博综兼采，择善而从，且校勘精审，故深受学者推崇，可以说是索解《礼记》的一把钥匙。郑注一出，使《礼记》脱离《礼经》而独传，并与《仪礼》《周礼》鼎立为三，使礼学进入一个新时代。

唐时，孔颖达等遵诏命撰成《五经正义》，《礼记正义》即为其中之一。这是第一次以官方名义将《礼记》升为经，且地位在《仪礼》《周礼》之上。于是三礼之学，唐时《礼记》独盛。《礼记正义》宗郑注，以皇侃《义疏》为底本，以熊安生《义疏》为辅，摒弃经学门户之见，于众学中择优而从，广采以备博览，影响巨大。清代为礼学的昌盛时期，清人关于《礼记》的著作有上百种之多，最具代表性的就是孙希旦的《礼记集解》。此书沿用郑注、孔疏，又融合各家之说，颇重义理阐发，且对明物制度考订精审，可以说是清代《礼记》研究的集大成之作。

再交代一下本次译注工作。此次译注正文采用越刊八行本（越本）《礼记》经文。因为此本为《礼记》注疏汇刻之始，可以说是各版本中最好的本子。本书各篇内容分为四个部分：首先是题解，题解先引郑玄《礼记目录》申述篇名，然后再概括内容宗旨。其次是正文，参考其他版本校勘，不出校记。再次是注释，注释主要依据郑玄注、孔颖达疏，广采各家注说，尽可能简明扼要。最后为译文，译文以直译为主，兼用意译，力求准确顺畅。

《孝经》

一、《孝经》的书名

《孝经》是儒家的基本经典之一。汉代的“七经”就有它，以后一直被奉为儒家经典，历代封建统治者都对它倍加重视。关于《孝经》书名由来，据《汉书·艺文志》：“夫孝，天之经，地之义，民之行也。举大者言，故曰孝经。”这里的“举大者”就是指贯通天、地、人三才的一种大道理大经纬。而邢昺《孝经正义》说得更为明了：“孝者，事亲之名；经者，常行之典。”也就是说此书为论述孝道这一恒常之道的典籍，故名孝经。

二、《孝经》的作者及成书年代

《孝经》的作者是谁，可谓众说纷纭，至今没有定论，目前学界大体有以下八种观点：

1. 孔子所作。《汉书·艺文志》载："《孝经》者，孔子为曾子陈孝道也。"此后，郑玄、陆德明等也持此说。

2. 孔子门人所记录。司马光《古文孝经指解·序》："故孔子与曾参论孝，而门人书之，谓之孝经。"

3. 曾子所作。《史记·仲尼弟子列传》："曾参，字子舆。少孔子四十六岁。孔子以为能通孝道。故授之业。作《孝经》。"

4. 曾子门人记录。宋人胡寅说："《孝经》非为曾子所自为也。曾子问孝于仲尼，退而与门人弟子言之，门弟子类而成书。"

5. 孔子的孙子子思所作。宋人冯椅说："子思作《中庸》，追述其祖之语乃称字，是书（指《孝经》）当成于子思之手。"（《困学纪闻》）

6. 战国时期齐鲁儒生所作。朱熹说："《孝经》独篇首六、七章为本经，其后乃传文，然皆齐鲁间陋儒纂取《左氏》诸书之语为之，至有全然不成文理处。"（朱彝尊《经义考》卷二二二）

7. 孟子门人所作。近人王正已先生《孝经今考》："《孝经》的内容，很接近《孟子》的思想，所以《孝经》大概可以断定是孟子门人弟子所著的。"（《古史辨》第四册）

8. 汉儒所作。清姚际恒《古今伪书考》："是书来历出于汉儒，不惟非孔子作，并非周秦之言也。"今人黄云眉也持这种观点，其《古今伪书补正》曰："然则此书之为汉人伪托，灼然可知。"

这八种观点各持一端，莫衷一是。前人已言，古书往往不提撰人，而且单篇流行，并没有明确的作者。许多古书非成于一时，非成于一人之手，都经过后人的流传整理，这种情况比比皆是。因此，综合分析，我们认为《孝经》一书也是这样的。它可能最初是由孔子讲述，曾子记录并把它推广流行，再后来由曾子的学生修订而成，从这个角度来看，孔子、曾子、曾子的学生都可以说是《孝经》的编撰者。

至于《孝经》的成书年代，最迟应不晚于公元前241年，因为这一年修成的《吕氏春秋》几次征引《孝经》的文字。更为明确的是，其《察行篇》所云：“《孝经》曰‘高而不危，所以长守贵也；满而不溢，所以长守富也。富贵不离其身，然后能保其社稷，而和其民人。’”这一段引文出自于《孝经·诸侯章》，两书文字完全一样。

三、《孝经》的内容及影响

《孝经》有今文和古文的不同（下文详述），现在说的是指今文本。《孝经》今文本一共十八章。大体可以分为六个部分，其基本框架内容是：

第一章《开宗明义章》为全书的纲领，总述全书的宗旨和根本，阐明孝道是一切道德的根本，是治理天下的最好手段。

第二章到第六章，分别论说天子、诸侯、卿大夫、士、庶人这五种贵贱不同的人所行孝道的不同要求，统称为“五孝”。它认为天子之孝是博爱广敬，推此及彼，进而成为天下典范；诸侯之孝是谦虚谨慎，不骄不奢，以安保社稷；卿大夫之孝是严格遵守礼制，为百姓做出表率；士之孝是以爱和敬侍奉父母，以忠和顺侍奉君上；庶人之孝是谨慎节用，供养父母。

第七章到第九章，阐述孝道对政治的意义和作用，是该书孝治观的主要部分；提出孝是符合天地万物运行的法则，同时也是民众品行中最基本的要素；指出从天子到庶人如果都以孝道行事，天下就会大治。并以周公为例，阐明圣人如何利用孝治理天下。

第十章和第十一章，具体论述了孝行的内容，即孝子要做到致敬、致乐、致忧、致哀、致严的“五致”，同时要去除骄、乱、争三项恶事，并从反面论述不孝是天下最大的罪行，是大乱的根源。

第十二章到第十四章，是对第一章的先王“至德要道”的进一步深入阐发。其中第十四章主要论述了孝道和扬名后世的关系。

第十五章到第十八章，主要讲孝道的实行，指出为人臣为人子要敢于劝谏，不能一味顺从。第十六章《感应章》主要讲天子行孝悌之道如果能尽善尽美，就会与神明感应。第十七章《事君章》主要论述了君子应发扬君主之美，匡正君主之恶。第十八章《丧亲章》述说孝子办理丧事的具体做法，作为孝事的总结。

《孝经》全文几乎皆述孝和忠，将道德、伦理、政治、社会融为一体。它适应了以农业经济和宗法家族为基础的封建社会的需要，所以颇受历代封建统治者欢迎。《孝经》在汉文帝时就已置博士。汉武帝时，将《孝经》作为太子、诸王的教科书。东汉时《孝经》成为天下人必读的书本。之后历代封建统治者对《孝经》更加重视，不断倡导。更有甚者，封建帝王们纷纷为《孝经》作注，这是“十三经”中其他经典所没有的礼待。在封建社会，《孝经》成为封建帝王教化百姓，维护统治地位的工具。随着流传演变，造成了许多愚忠可悲的事例，有其消极的一面。但是，经过两千多年的提倡，以《孝经》为根据而形成的以尊老敬老为核心，进而达到稳定家庭和社会的目标的孝道观，对中华民族的发展起了重大的作用。即使在今天，其积极方面依旧值得我们借鉴。

四、《孝经》的今古文及流传

和其他先秦儒家典籍一样，《孝经》也有今古文之不同。秦始皇焚书坑儒，许多古籍被毁灭，《孝经》也在禁书之列，但是有人冒险将其藏起来。据说，到汉惠帝四年（前 191）时，废除挟书律，河间人颜芝收藏的《孝经》经其子传出，并献于河间献王。此书系用汉隶书写，故称为《今文孝经》。而汉武帝时，汉景帝的儿子刘余（称鲁恭王）为了扩大宫室，拆毁了孔子旧宅，在一墙壁里发现了一批古竹简书，包括《尚书》《论语》《孝经》等。这些书都是用先秦的籀文写成的，故称《古文孝经》。今文和古文在思想内容上没有太大的出入，只是在章节的分次及文字表述上有所不同，二者并行于世。但围绕二者之优劣真伪，历代纷争不断。西汉末年，刘向典校群书，以颜氏今文本为依据，参校古文本加以整理，定为十八章。东汉末，郑玄对此本加以注释，称郑注本，这即是对今文本的整理。而古文本

《孝经》曾有孔安国作传，但这个本子在南北朝梁代时，由于战乱散佚了，到隋代经秘书监王邵于京师访得而重新面世。当时这两个本子并立于学官。至唐代曾出现了今文本、古文本之争。当时的左庶子刘知几主张古文，认为隋代复出的古文《孝经》就是汉代出于孔壁的本子。而国子祭酒司马贞则力主今文本，认为重出的古文本为伪作。唐玄宗下令诸儒讨论，最后下诏采用司马贞的说法，用今文郑注本，古文本遂遭废弃。唐天宝二年（743），玄宗重注本《孝经》版行于天下，并于天宝四年（745）刻于太学，称为《石台孝经》。今天称之为“石台本”，这个本子就是如今流传的《十三经注疏》本《孝经》的版本来源。

特别需要说明的是，本次译注正文采用的即为清刊《十三经注疏》清刊阮元所校、唐玄宗“御注”的《今文孝经》十八章本。注释主要依据唐玄宗“御注”及邢昺“正义”，广采各家，择善而从，尽可能简明扼要。

注释和译文部分，参考了众多学者老师的研究成果，如王文锦先生、杨天宇先生以及陈戍国先生等。其中尤以吕友仁老师译注的《礼记全译》对我帮助最多，在这里表示感谢。

贾德永

2012年10月

礼记

曲礼上

题解

郑玄云:“名曰‘曲礼’者，以其篇记五礼之事。祭祀之说，吉礼也；丧荒、去国之说，凶礼也；致贡、朝会之说，宾礼也；兵车、旌鸿之说，军礼也；事长、敬老、执贽、纳女之说，嘉礼也。”

“曲礼”就是指礼的各种详细仪节。因内容较多，故分为上下两篇，本篇为上篇。

1《曲礼》曰:毋不敬,俨若思[①],安定辞[②]。安民哉!

注释

①俨：庄重的样子。

②安定：和气，合理。辞：指言语。

译文

《曲礼》上说：做事待人无不恭敬认真，外表端庄稳重，像是若有所思的样子,说话言辞和气,句句在理。做到这三点，就能安定民心了!

2 敖不可长[①]，欲不可从[②]，志不可满，乐不可极。

注释

①敖 ào：通“傲”。傲慢。

②从 zòng：同“纵”。放纵。

译文

傲慢之心不可滋长，私情欲望不可放纵，志向追求不可满足，享受逸乐不可过分。

3 贤者狎而敬之[①]，畏而爱之。爱而知其恶，憎而知其善。积而能散。安安而能迁[②]。临财毋苟得[③]，临难毋苟免。很毋求胜[④]，分毋求多。疑事毋质[⑤]，直而勿有[⑥]。

注释

①狎：亲近。

②安安而能迁：前“安”字作动词，是居的意思。后“安”字是名词，作安逸讲。迁：迁移，改变。

③苟：苟且。

④很：争论。郑玄注：“谓争讼也。”

⑤质：成，确定。

⑥有：占有。

译文

对有德才的人要亲近而且尊敬，畏服并且爱慕他。对所喜欢的人也能知道他的缺点，对讨厌的人也能知道他的长处。能积蓄财物，也能发散给穷人；能安于安乐生活，也能适应环境而改变。面临财物不随便获取，面临危难不随便逃避。辩论是非不要斗气必求胜人，分配东西不要妄求多占有。怀疑的东西不要肯定地说是真实的，认为正确的要与他人分享，不要独自占有。

4 若夫坐如尸①，立如齐②，礼从宜，使从俗。

注释

①尸：古代祭祀时用来代替神鬼受祭的人。

②齐：同“斋”。

译文

如果坐，就要像祭祀中装扮受祭者的人那样端庄持重，立就要像祭祀前斋戒时那样恭敬严肃。行礼要依从特定时宜，出使要依从当地风俗。

5 夫礼者，所以定亲疏、决嫌疑、别同异、明是非也。礼不妄说人①，不辞费。礼不逾节②，不侵侮，不好狎③。修身践言，谓之善行。行修言道，礼之质也。

注释

①说：同“悦”。

②逾：超过。

③狎：亲昵不敬。

译文

礼，是用来确定人际关系的亲疏，判定人间的嫌疑，区别物类的异同，明辨道理的是非。礼，不胡乱讨好别人，不说多余的话。礼，不能超越节限，不能侵犯侮慢，不能轻佻戏弄。陶冶品德，实践诺言，这叫作完善的品行。品行完善，说话合乎正道，这就是礼的本质。

6 礼闻取于人[①]，不闻取人。礼闻来学，不闻往教。道德仁义，非礼不成；教训正俗，非礼不备；分争辨讼，非礼不决；君臣、上下、父子、兄弟，非礼不定；宦学事师[②]，非礼不亲。班朝治军[③]，莅官行法，非礼威严不行；祷祠祭祀，供给鬼神，非礼不诚不庄。是以君子恭敬、撙节、退让以明礼[④]。

注释

①取于人：向别人汲取，虚心向人学习。

②宦学：“宦”指为吏者，“学”指学习六艺者。孔颖达云：“宦，谓学仕宦之事。学，谓习学六艺。”六艺，指礼、乐、射、御、书、数。

③班：班次，排班。

④撙 zǔn 节：节制。

译文

礼，听说它是被人汲取学习的，没听说礼主动去向人汲取什么。礼，只听说学礼者要前来学习，没听说授礼者跑上门去传授。道德仁义，没有礼就不能成立；教育训导，纠正民俗，没有礼就不能完备地推行；判明争讼，没有礼就不能决定是非；君主臣仆，上级下级，父子兄弟，没有礼就不能确定其贵贱，尊卑、长幼、亲疏的种种关系；做官求学，学习道艺而侍奉师长，没有礼就彼此不亲密；排班立朝，管理军队，就官任职、执行法令，没有礼威严就不能展现；特殊的祈祷，常行的祭祀，种种供奉鬼神的活动，没有礼就显得不够真诚庄重。所以有德有位的君子一定要态度恭敬、自我节制、谦逊退让来彰明礼教。

7 鹦鹉能言，不离飞鸟；猩猩能言，不离禽兽。今人而无礼，虽能言，不亦禽兽之心乎！夫唯禽兽无礼，故父子聚麀[①]。是故圣人作，为礼以教人，使人以有礼，知自别于禽兽。

注释

①聚：共也。麀 yōu：雌鹿，此处泛指雌兽。

译文

鹦鹉虽能说话，终归不能脱离禽鸟的种类；猩猩能够说话，终归离不开兽类的范围。现在的人如果没有礼仪，即使能够说话，不还是和禽兽有同样的心吗？只因为禽兽不知礼，所以父子与同一雌兽交配。因此圣人兴起，制定礼法来教导人们，使人们有了做人的礼法，知道用礼把自己和禽兽区别开。

8 大上贵德[1]，其次务施报[2]。礼尚往来[3]，往而不来，非礼也；来而不往，亦非礼也。人有礼则安，无礼则危，故曰礼者不可不学也。夫礼者，自卑而尊人。虽负贩者，必有尊也，而况富贵乎？富贵而知好礼，则不骄不淫。贫贱而知好礼，则志不慑[4]。

注释

①大上：指上古三皇五帝之时。大，同“太”。郑玄曰：“太上，三皇五帝之世。其民施而不惟报。”

②其次：指上古以后的世代。

③往来：往，指对他人施恩惠。来，指向施惠者进行回报。

④慑 shè：胆怯，迷惑。郑玄云：“慑，犹怯惑。”

译文

上古时期崇尚纯朴的德行，后世才讲究施恩和回报。礼崇尚交际上有来往。施惠于人而人不予报答，是失礼的；得到了恩惠而不予报答，也是失礼的。人们有礼就会获得平安，无礼就将发生危险。所以说，礼是不可不学的。礼要求自己谦卑而尊重别人。即使是小商小贩，必有值得人们尊重的地方，更何况富贵的人呢！富贵的人知道爱好礼就能不骄傲，不奢侈；贫贱的人知道爱好礼，心志就能够不胆怯迷惑。

9 人生十年曰幼，学；二十曰弱，冠[①]；三十曰壮，有室；四十曰强，而仕；五十曰艾[②]，服官政[③]；六十曰耆[④]，指使；七十曰老，而传；八十九十曰耄[⑤]；七年曰悼[⑥]。悼与耄，虽有罪，不加刑焉。百年曰期，颐。

注释

①冠：冠礼，古代贵族青年男子，二十岁要举行隆重的加冠仪式，表示已经成人。

②艾：艾草。孔颖达曰："年至五十，气力已衰，头发苍白如艾。"这里用艾草比喻头发苍白。

③服官政：担任行政主管。

④耆 qí：六十岁称作耆。

⑤耄 mào：指八九十岁的年纪。

⑥悼：怜爱。

译文

男子长到十岁叫作"幼"，这时候该学习了；二十岁叫作"弱"，这时候可以加冠了；三十岁叫作"壮"，这时候就可以娶妻了；四十岁叫作"强"，这时候就可以做官了；五十岁叫作"艾"，这时候就能参与国家政事了；六十岁叫作"耆"，这时候就能够指使别人了；七十岁叫作"老"，这时候就应该把家事交给儿孙掌管了；八十、九十岁称为"耄"；七岁的孩子叫作"悼"。被称为"耄"与"悼"的老人和幼儿，即使有罪，也不对他们判刑。百岁老人叫作"期"，儿孙要尽心加以照顾。

10 大夫七十而致事，若不得谢[①]，则必赐之几杖[②]，行役以妇人；适四方，乘安车。自称曰“老夫”，于其国则称名。越国而问焉[③]，必告之以其制。

注释

①谢：辞去官职。

②几杖：几，古人席地而坐时用来靠背的坐具。杖，走路时用来扶持的工具。

③越国而问：郑玄曰：“邻国来问，必问于老者以答之。制，法度。”这里指的是邻国使者来问。

译文

大夫一级的官员到了七十岁，就可以把职务上交而退休，如果没有获得允许，那么君主就要赐给大夫凭几和拐杖，在本国因公务外出时，可以有妇人陪从。若是出使异国，可以乘坐安车。在以上场合与人讲话时，可以自称“老夫”。但在朝廷上和国君讲话时则要自称己名。邻国使者来访问，必定告诉他本国的相关法度。

11 谋于长者，必操几杖以从之[①]。长者问，不辞让而对，非礼也。

注释

①从：往。

译文

和长辈商议事情，一定要随身带着凭几、手杖去。长辈有所询问，不谦让就贸然回答，是不合乎礼仪的。

12 凡为人子之礼，冬温而夏凊①，昏定而晨省。在丑夷不争②。

注释

①凊 qìng：清凉。②丑夷：指同辈。

译文

大凡做儿子的礼节是：冬天要让父母过得温暖，夏天要让父母过得凉快；晚上为他们铺床安枕，早晨向他们问候请安。与平辈相处，不要发生争执。

13 夫为人子者，三赐不及车马①，故州闾乡党称其孝也②，兄弟亲戚称其慈也，僚友称其弟也③，执友称其仁也，交游称其信也。见父之执，不谓之进不敢进，不谓之退不敢退，不问不敢对。此孝子之行也。

注释

①三赐：即三命之赐，指为官多次受到君王的封赏。郑玄注曰："三赐，三命也。凡仕者，一命而爵，再命而受衣服，三命而受车马。"如果接受车马之赐，就有尊贵超过其父之嫌，故不受。

②州闾乡党：地方上的各级行政单位。据《周礼·大司徒》记载：二十五家为闾，四闾为族，五族为党，五党为州，五州为乡。

③弟 tì：同“悌”。敬重兄长。

译文

凡是作为儿子，受到三命之赐而不敢接受车马，所以州、闾、乡、党地方各级都称赞他孝顺，兄弟亲戚都称赞他的慈爱，同僚们都称赞他友善，朋友们都称赞他仁义，有交往的人都称赞他诚实可信。见到父亲的同志好友，他不叫上前就不敢上前，不叫退下就不敢退走，不问就不敢开口说话。这就是孝子应有的行为。

14 夫为人子者，出必告，反必面[①]；所游必有常[②]，所习必有业[③]；恒言不称老。年长以倍，则父事之。十年以长，则兄事之。五年以长，则肩随之。群居五人，则长者必异席。

注释

①面：指当面告知。

②常：恒常，这里指出行有确定的地方。

③业：专业，课业。

译文

做儿子的，出门前必须禀告父母，回到家里也要当前当面告知父母；出游必须有个常去的地方，学习必须有固定的专业；平常讲话不可在自称中带有“老”字。对于年长自己一倍的人，应当待之如父。对于年长自己十岁的人，应当待之如兄；对于年长自己五岁的人，虽可以和他并肩相走，自己要稍微错后一点。五个人聚集共处，要让年龄最大的人单坐一席。

15 为人子者，居不主奥[①]，坐不中席，行不中道，立不中门。食飨不为概[②]，祭祀不为尸[③]。听于无声，视于无形。不登高，不临深，不苟訾[④]，不苟笑。

注释

①奥：古代室中西南隅称为奥，是室内最尊贵的位置。

②食飨：食礼和飨礼。概：限量。

③尸：依照礼要由所祭者的孙子来充当。父参加祭祀而子为尸，则子将尊临其父，为人子者心不安，所以不为尸。

④訾 zǐ：诋毁，非议。

译文

做儿子的，家居不要占有室内西南角的位置，不要坐在席位的当中，不要走院里过道的当中，不要站立在门的当中。遇有宴请宾客的事，待客用物多少，不要擅自主张，举行祭祀时，不可充当尸的角色。父母没有发话，就留意随时听从吩咐使唤，父母没有表露出来，就能看出他们的心态需求。不要攀登高处，不要靠近深处，不要随便诋毁别人，不要随便嬉笑。

16 孝子不服暗[①]，不登危，惧辱亲也。父母存，不许友以死，不有私财。

注释

①不服暗：服，指行事。暗，指暗中。

译文

孝顺的儿子不在暗中做事，不到危险的地方去，怕给双亲带来教子无方的耻辱。父母在世，不应承诺为朋友献身效死，不能背着父母私存钱财。

17 为人子者，父母存，冠、衣不纯素[①]。孤子当室[②]，冠、衣不纯采[③]。

注释

①不纯 zhǔn 素：不以白色镶边。纯，指衣冠的镶边。

②孤：幼而丧父。

③不纯采：采，通“彩”。是喜庆的颜色。

孝子为寄托丧父哀思，衣冠不用彩色镶边。

译文

做儿子的，父母在世，帽子和衣服不能用白色镶边。主持家事的孤子，帽子和衣服不能以彩色镶边。

18 幼子常视毋诳[①]。童子不衣裘裳[②]，立必正方，不倾听。长者与之提携，则两手奉长者之手。负、剑[③]，辟咡诏之[④]，则掩口而对。从于先生，不越路而与人言。遭先生于道，趋而进，正立拱手。先生与之言则对，不与之言则趋而退。从长者而上丘陵，则必乡长者所视[⑤]。登城不指，城上不呼。

注释

①视：通“示”。示范。

②童子不衣裘裳：小孩子穿裘皮袄着裙装，既不符合身体需要，又不便做事活动，所以“不衣”。

③负、剑：孔颖达云：“负，谓置儿背上也。剑，谓挟于肋下如带剑也。”

④辟咡 èr：长者低头和孩子说话。咡，口旁，口耳之间。

⑤乡 xiàng：通“向”。面向。

译文

对幼儿要正确引导，不要让他说谎话。儿童不要穿皮袄、长裙。站立时必须姿势端正，不要歪头侧耳听人讲话。长者牵着儿童的手行进时，儿童应该用双手捧着长者的手。长者将小儿背在背上或领在身旁，长辈俯身低头跟孩子说话，孩子要掩着口回答。跟随先生行走时，不可自顾自到路对面跟他人说话。在路上遇到先生，应快步走向前去，对先生正立拱手。先生跟他说话就应答，不跟他说话就快步退下。跟随长者登上丘陵，一定要向长者所视的方向看去。登上城墙，不要指手画脚，在城上时不要大声喊叫。

19 将适舍，求毋固[①]。将上堂，声必扬。户外有二屦[②]，言闻则入，言不闻则不入。将入户，视必下。入户奉扃[③]，视瞻毋回。户开亦开，户阖亦阖[④]。有后入者，阖而勿遂。毋践屦，毋踖席[⑤]，抠衣趋隅[⑥]。必慎唯诺[⑦]。

注释

①固：固陋、粗鲁，不遵礼节。

②户外有二屦 jù：户外有两双鞋，指室内有两个人。

③奉扃 jiōng：扃是门闩。

奉扃，双手捧着门闩。这里是表示恭敬。

④阖：本义为门扇，这里指关门。

⑤毋踖 jí 席：古人席地而坐，到席子上就位时，要从席子的后方走上坐下，不能从席子的前方走上去。如果从席子的前方走上去，就叫作“踖席”。踖，践踏。

⑥抠：提起。隅：这里指席位的下角。

⑦唯诺：唯与诺都是应答声。

译文

将要到别人的家里去，不要粗野无礼。将要进入堂屋，一定要先高声呼问。室外有两双鞋子，听得到室内说话的声音才进去，听不见说话的声音就不进去。将要进门，目光一定要向下。进门以后，双手要像捧着门闩一样恭敬地放在胸前，不要回头张望。如果屋门原来是开的，就让它仍旧开着；如果屋门原来是关的，就让它仍旧关着。如果后面还有人来，就把门轻轻关上，但不能关死。不要踩到别人的鞋，不要跨越席位就座，要提起衣裳走向席位的下角。答话时，一定要谨慎地对答。

20 大夫、士出入君门，由阑右[①]，不践阈[②]。

注释

①阑 niè 右：照礼制规定，进大门时主人走阑右，宾客走阑左。大夫、士进门走阑右，表示以臣从君。阑，指门橛，古代竖在大门中央的短木。

②阈 yù：门槛。

译文

大夫、士出入国君的大门，要从门橛的右边走，不要践踏门槛。

21 凡与客入者，每门让于客。客至于寝门，则主人请入为席，然后出迎客，客固辞[①]，主人肃客而入[②]。主人入门而右，客入门而左；主人就东阶，客就西阶。客若降等，则就主人之阶。主人固辞，然后客复就西阶。主人与客让登，主人先登，客从之。拾级聚足[③]，连步以上。上于东阶则先右足，上于西阶则先左足。

注释

①固辞：三种谦让：一让称礼辞，再让称固辞，三让称终辞。

②肃客：导引客人进入。

③拾 shè 级聚足：拾级，逐级。聚足，前足登一级，后足跟上来与前足相并，然后再登。

译文

凡是和客人一起进门，每到一个门口都要让客人先入。客人来到寝门外边，主人请求自己先进去铺好坐席，然后再出来迎接客人，客人一再谦让，主人于是引导客人进门。主人进门后向右走，客人进门后向左走；主人走向东阶，客人走向西阶。如果客人地位较主人卑下，就要随主人走向东阶。主人一再谦让，然后客人才重新走向西阶。主人又和客人互相谦让谁先登阶。主人先登上，客人跟上。前脚登上一级，后脚随着跟上来，与前脚并在一块。然后前脚再登上一级，后脚再随上来，与前脚并立，这样连步向上。主人上东阶时先迈右脚，客人上西阶先迈左脚。

22 帷薄之外不趋①，堂上不趋，执玉不趋。堂上接武②，堂下布武③。室中不翔④，并坐不横肱⑤。授立不跪，授坐不立。

注释

①帷薄：帷，布幔。薄，帘子。趋：快步走。

②接武：步步连接。武，足迹。

③布武：脚步分开行走。

④翔：指行走时张开双臂。

⑤横肱：横着胳膊。肱，胳膊。

译文

走到布幔、帘子外面就不要快步行走，堂上不要快步走，手中拿着玉器也不要快步行走。在堂上要脚步接着脚步小步行走，在堂下要脚步分开大步行走。室内走路不要张开双臂，同别人并坐在一起，不要张开双臂。把东西交给站着的人自己不要跪着，把东西交给坐着的人自己不要站立。

23 凡为长者粪之礼①，必加帚于箕上②，以袂拘而退③，其尘不及长者，以箕自乡而扱之④。奉席如桥衡⑤。请席何乡，请衽何趾⑥。席南乡北乡，以西方为上；东乡西乡，以南方为上。

注释

①粪：泛指一切秽物，这里用作动词，指打扫席前。

②必加帚于箕上：把扫帚放在簸箕上要两手捧箕，这是向长者表示尊敬。

③袂：衣袖。拘：遮蔽。

④乡：通“向”。扱 xī：通“吸”。收取。

⑤桥衡：桥，井上桔槔。衡，桔槔中用作杠杆的横木。依照郑玄的注解，捧席时要让席像桔槔上横木一样左高右低。

⑥衽 rèn：卧席。趾：通“止”。何趾，即止何。就是坐席朝向什么方向。

译文

凡是为长者清扫席前，礼规是：一定要用扫帚遮住簸箕，扫的时候用长袖挡着扫帚扫的地方，边扫边退，这样灰尘就不会飞向长者，收取垃圾时，要使簸箕朝着自己。捧着没有展开的席子应该像桔槔上的横木左高右低。为长者铺设坐席，要先请示朝什么方向，为长者铺备卧席，要先请示长者脚朝什么方向。席如果是向南向北铺的，则以西方为上位。如果是向东向西铺的，就以南方为上位。

24 若非饮食之客①，则布席，席间函丈②。主人跪正席。客跪抚席而辞。客彻重席③，主人固辞。客践席，乃坐。主人不问，客不先举④。将即席，容毋怍⑤。两手抠衣，去齐尺。衣毋拨⑥，足毋蹶⑦。

注释

①非饮食之客：即以事相访之客或论学之客。

②函：容，指席间的距离。

③彻重席：《礼器》："礼有以多为贵者。天子之席五重，诸侯之席三重，大夫再重。此以多为贵也。"主人以重席待客表示敬意，客人以不敢异于主人表谦逊。彻，撤去，撤除。重席，双层席子。

④举：提起来意。

⑤怍 zuò：改变脸色。

⑥拨：掀起，扬起。

⑦蹶 jué：行路急促。

译文

如果不是前来饮食的客人，为客人铺坐席，两席间要容有一丈的距离。主人跪下来为客人整理席位，客人跪下来按着席子婉言辞谢。客人要求撤去重席，主人一再坚持不许。客人就席之后，主人才坐下。主人如果不问话，客人不要率先发话。将要上席就座，脸色不要改变。两手提起衣襟，让下摆离地一尺来高。衣裳不要乱动，脚步不要急促慌张。

25 先生书策琴瑟在前，坐而迁之[①]，戒勿越。虚坐尽后[②]，食坐尽前。坐必安，执尔颜。长者不及，毋儳言[③]。正尔容，听必恭。毋剿说[④]，毋雷同。必则古昔，称先王。侍坐于先生，先生问焉，终则对。请业则起，请益则起。父召无诺，先生召无诺，唯而起[⑤]。侍坐于所尊敬，毋余席。见同等不起。烛至，起。食至，起。上客，起。烛不见跋。尊客之前不叱狗[⑥]。让食不唾。

注释

①坐：跪。孔颖达云：“坐亦跪也。”古人席地而坐，坐姿和跪姿没有多大差异。

②虚坐：又称“徒坐”，即非饮食之坐。

③毋儳 chán 言：如果长者正谈论甲事，少者不要以乙事打岔。就是不要跟长者谈不相干的话。

④剿 chāo 说：以别人言论为己说。

⑤诺、唯：皆为应答之辞。诺，语调宽缓，易显骄慢。唯，语调急促，显得更为恭敬。

⑥叱：呵斥。

译文

如果有先生的书册琴瑟在前面，就要跪下来把它搬开，不要从上面跨过去。不是饮食之坐，就尽量往后坐，饮酒吃饭就要尽量靠前坐。坐着一定要安稳，保持你自然的神态。长者没有谈到的话，不要插嘴打岔。端正你的表情，听人讲话一定要恭敬。不要抄袭他人的言语，不要随便附和别人。必须效法古事，称举先贤圣王。陪先生坐着的时候，先生如果询问，等先生说完再回答。请教学业问题，要站起来。要求先生再次解答，也要站起来。父亲召唤的时候，不要高声回答“诺”；先生召唤时，也不要高声回答“诺”，都要用“唯”回答，并且立即站起来行动。在所尊敬的人跟前陪坐时，要尽量坐在靠近尊者的席端，不留余席。见到同辈时，不用起立。烛火端上来，应起立。食物送来时，也要起立。贵客到来，要起立。晚上座谈，烛火没有烧到底部就应该换掉，避免客人生厌而告辞。在尊敬的客人面前不要呵斥狗。主人让食时，客人不要吐口水。

26 侍坐于君子，君子欠伸，撰杖屦[①]，视日蚤莫[②]，侍坐者请出矣。侍坐于君子，君子问更端，则起而对。侍坐于君子，若有告者曰：“少间[③]，愿有复也。”则左右屏而待。毋侧听，毋噭应[④]，毋淫视，毋怠荒。游毋倨[⑤]，立毋跛，坐毋箕[⑥]，寝毋伏。敛发毋髢[⑦]，冠毋免。劳毋袒，暑毋褰裳[⑧]。

注释

①撰：拿取。

②蚤莫：即“早暮”。蚤，通“早”。莫，“暮”的本字。

③少间 xián：借用片刻空闲。

④噭 jiào：高声大叫。

⑤倨：傲慢。

⑥毋箕：不要两腿岔开像簸箕。

⑦毋髢 dì：不要像假发那样披散。髢，古同“鬄”。假发。

⑧褰 qiān 裳：提起衣裳。褰，撩起，提起。

译文

在君子面前陪坐，要是见到君子打呵欠，伸懒腰，拿手杖，穿鞋子，看天色早晚，这时陪坐者就要主动告退了。在君子面前陪坐，君子如果转到其他的话题，那陪坐者就要起立回答。在君子面前陪坐，如果有人进来说：“想借用片刻时间，有事禀告。”那么左右的人就要退到别处等待。不要侧耳听人讲话，不要大声叫喊着回答，不要转动眼珠斜看，不要做出放松懈怠的样子。行动时态度不要傲慢，站立时不要倾斜，坐着时不要岔开双腿像簸箕，睡觉时不要趴着。头发要收束齐整，不要像假发那样散开。不要随意摘掉帽子。劳动时不要袒胸露怀。天热时不要提起下裳。

27 侍坐于长者，屦不上于堂①，解屦不敢当阶。就屦，跪而举之，屏于侧。乡长者而屦②，跪而迁屦，俯而纳屦。

注释

①屦：鞋子。

②乡：通“向”。屦：此处用作动词，指穿鞋。

译文

在长者跟前陪坐，不要把鞋子穿上堂，脱鞋也不能面对着台阶。下堂穿鞋时，跪着拿起鞋来，退到阶侧去穿。穿鞋时如果面对着长者，就要跪着把鞋移开，然后弯着腰把鞋穿上。

28 离坐离立[①]，毋往参焉。离立者，不出中间。男女不杂坐，不同椸枷[②]，不同巾栉[③]，不亲授。嫂叔不通问，诸母不漱裳。外言不入于梱[④]，内言不出于梱。女子许嫁，缨[⑤]，非有大故，不入其门。姑、姊、妹、女子子[⑥]，已嫁而反，兄弟弗与同席而坐，弗与同器而食。父子不同席。

注释

①离：借为“俪”。指两人并立。

②椸枷 yí jià：衣架。枷，通“架”。支撑或置物的用具，衣架。

③巾栉 zhì：巾，洗涤之布。栉，梳具。

④梱 kǔn：门槛。

⑤缨 yīng：用线绳等做的饰品。古时贵族女子少时常系香缨，许嫁后系五彩缨。

⑥女子子：即女儿。孔颖达云：“女子子者，谓已嫁女子。”

译文

有两个人并排坐着或者并排立着，不要插身其间。两个人并立，不要从他们中间穿过。男女不能随便混杂地坐在一块，男女不可共享一个衣架，不共享毛巾、梳子，不可亲手互相递交东西。嫂子和小叔子不能互相往来问候，不能让庶母洗自己的下身衣服。男人在外的职事不带入家门讨论，家务事也不出去宣扬。女子订婚后，就要佩戴五彩缨带，除非有重大变故，不要进入她的闺门。姑母、姐姐、妹妹、女儿，已经出嫁返回娘家，兄弟不能她们同席而坐，也不能和她们共享器皿吃饭。父亲和儿子不能同坐在一张席上。

29 男女非有行媒，不相知名；非受币①，不交不亲。故日月以告君，齐戒以告鬼神②，为酒食以召乡党僚友，以厚其别也，取妻不取同姓③，故买妾不知其姓则卜之。寡妇之子，非有见焉④，弗与为友。

注释

①受币：指女方接受男方的聘礼，如果从男方角度上讲究叫纳币，即男方向女方缴纳财礼。

②齐：同“斋”。斋戒。

③取：“娶”的古字。

④见：同“现”。这里指才能表现出众。

译文

男女之间，如果没有媒人往来提亲，就不知道对方的名字；女方还没有接受男方聘礼，男女双方就不交往，不亲密。因此，要将结婚的日期向君主禀告，斋戒后禀告庙中祖先，操办酒席招待乡邻、同事、朋友，这是为了强调男女之别，娶妻子不能娶同姓女子，所以买妾时，如果不知道其姓，就要通过占卜来决定。寡妇的儿子，除非表现出众，就不要和他交朋友。

30 贺取妻者曰："某子使某[①]，闻子有客，使某羞[②]。"贫者不以货财为礼，老者不以筋力为礼。名子者不以国，不以日月，不以隐疾，不以山川。男女异长[③]。男子二十，冠而字[④]。父前子名，君前臣名。女子许嫁，笄而字[⑤]。

注释

①某子使某：某子，指祝贺者。

后“某”字，指代表祝贺者而来的人。

②羞：通“馐”。此作动词，指进献酒食。

③男女异长：兄弟和姊妹各自有排行，不相混杂。

④冠：冠礼，是男子成年的标志。在冠礼仪式上要为被冠者取字。

⑤笄 jī：发簪，这里指笄礼，是女子的成年礼，要绾发加笄。

译文

祝贺别人娶妻要说："某君派我前来，听说你招待客人，所以派我来进献酒食。"贫穷人家不必用财物作为贺礼，老年人不必耗费体力行礼。为儿子取名，不要用本国国名，不要用日月之名，也不要以身上的暗疾为名，不要用山川之名。家中男女各自按性别排行。男子到了二十岁，就要举行加冠礼，为他取字。在父亲面前，儿子自称名，在国君面前，臣子自称名。女子许嫁后，就要绾发加笄并为她取字。

31 凡进食之礼：左殽右胾①，食居人之左，羹居人之右，脍炙处外，醯酱处内②，葱渫处末③，酒浆处右。以脯脩置者④，左朐右末⑤。客若降等⑥，执食兴辞，主人兴，辞于客，然后客坐。主人延客祭，祭食，祭所先进，殽之序，遍祭之。三饭，主人延客食胾，然后辩殽⑦。主人未辩，客不虚口。

注释

①殽 yáo：通"肴"。带骨的熟肉。胾 zì：切成大块的肉。

②醯 xī：醋。

③葱渫 xiè：蒸葱。

④脯脩 xiū：干肉。

⑤朐 qú：牺牲中形状屈曲的干肉。

末：牺牲边沿末端部位的干肉。

⑥降等：地位低一等的客人。

⑦辩：通"遍"。

译文

凡平常设食的礼规是：左边放带骨的熟肉，右边放切成大片的熟肉，饮食放在客人的左边，羹汤放在客人的右边，切碎的肉和火烤的肉类放在外边，醋和酱放在里边，蒸葱佐料放在末端，酒和酱放置在右边。如果要放干肉条，则弯曲再放在左边，末端部分放在右边。客人的地位如果比主人低一等，就应该手执食物起立致谢，这时主人起来劝说客人不要客气，然后客人就坐下来。开饭前，主人引导客人祭祀，就是从先端上来的食物开始，然后按菜肴的顺序依次遍祭所有食物。吃过三口饭后，主人要请客人吃大块的肉片，然后请客人尝遍各种食物。如果主人还没有吃完，客人不能漱口表示不吃了。

32 侍食于长者，主人亲馈①，则拜而食；主人不亲馈，则不拜而食。共食不饱，共饭不泽手②。毋抟饭，毋放饭，毋流歠③，毋咤食④，毋啮骨，毋反鱼肉⑤，毋投与狗骨，毋固获，毋扬饭，饭黍毋以箸，毋嚃羹⑥，毋絮羹⑦，毋刺齿，毋歠醢⑧。客絮羹，主人辞不能亨。客歠醢，主人辞以窭⑨。濡肉齿决，干肉不齿决。毋嘬炙⑩。

注释

①馈 kuì：进奉食馔。

②泽手：两手互相搓磨，这样容易出汗。出汗则不洁。

③流歠 chuò：喝汤像流动着的水一样不停地喝。歠，饮，喝。

④咤食：吃饭时口中作响。

⑤反：同“返”。这里指把多取的鱼肉又放回去。

⑥嚺 tà：不咀嚼而咽下。

⑦絮羹：往汤羹里放调味品。这样做会令人觉得嫌主人的羹汤味道不够好。

⑧醢 hǎi：用肉、鱼等制成的酱。

⑨窭 jù：因贫穷而礼数不能周全。

⑩嘬 chuài：指大口贪吃之相。

译文

陪着长者吃饭，主人要是亲自进送食物，就拜谢后再吃；主人不亲自进送食物，就不拜谢，自己取食。和人一起吃饭，不要顾着自己吃饱，和人一起吃饭，不要搓手。不要搓饭团，不要把手里的饭再放回盛饭的器皿中，喝汤不要长长地喝个不停，不要吃得满嘴带响，不要啃咬骨头，不要把拿起的鱼肉又放回食器中，不要把骨头投给狗，不要专取一种食物一个劲吃，不要迫不及待地抖动手中热饭，吃黍米饭不要用筷子，不要不咀嚼羹汤中的菜就大口喝下，不要往菜汤里加佐料，不要在吃饭时剔牙，不要喝调味的肉酱。客人若为自己调菜羹，主人要致歉表示不善于烹调。客人如果喝酱汁，主人要致歉说自己因家贫而招待不周。湿软的肉可以直接用牙咬断，干硬的肉不要用牙咬断，应用手撕开吃。吃烤肉不要狼吞虎咽地吃。

33 卒食，客自前跪，彻饭齐以授相者[①]。主人兴，辞于客，然后客坐。侍饮于长者，酒进则起，拜受于尊所[②]。长者辞，少者反席而饮。长者举未釂[③]，少者不敢饮。长者赐，少者贱者不敢辞。赐果于君前，其有核者怀其核。御食于君[④]，君赐余，器之溉者不写[⑤]，其余皆写。

注释

①彻：撤掉。齐 jī：通“齑”。指切成碎末的酱菜或肉。相者，一旁伺候的人。

②尊所：放置酒樽的地方。尊，通“樽”。

③釂 jiào：饮尽杯中之酒。

④御：劝侑曰御。

⑤溉：洗涤，此指陶器、木器等可洗涤者。写：通“泻”。从此器倒入彼器。

译文

饭毕，客人应从席前跪起，撤下饭器交给在一旁伺候的人，主人要连忙起身，说不敢劳烦客人，然后客人就回坐到原位上。陪伴长者饮酒，看见长者把酒端进来，晚辈就应赶紧起立，走到放酒樽的地方，拜后双手接杯。长者说不用如此客气，晚辈于是回到自己的席位上喝酒。当长者举杯还没有喝尽酒时，晚辈不敢喝酒。长者有所赏赐时，晚辈和身份低下的人不敢推辞。国君当面赏赐水果时，吃剩的果核要放到自己怀里，不要乱扔。伺候国君吃东西，国君把吃剩的东西赐给臣下，如果是放在能洗涤的器皿里的食物，就在原器里取食，如果是放在不能洗涤的器皿中的食物，就把它倒到其他器皿中再吃。

34 馂余不祭[①]。父不祭子,夫不祭妻。御同于长者[②],虽贰不辞，偶坐不辞。羹之有菜者用梜[③]，其无菜者不用梜。为天子削瓜者副之,巾以絺[④]。为国君者华之,巾以绤[⑤]。为大夫累之[⑥]，士疐之[⑦]，庶人龁之[⑧]。

注释

①馂 jùn：吃剩下的食物。

②御：陪食。

③梜 jiā：筷子。

④絺 chī：细葛布。

⑤绤 xì：粗葛布。

⑥累：裸露，意谓不用巾覆盖。

⑦疐 dì：通“蒂”。瓜与蔓连接处。

⑧龁 hé：咬，啃。

译文

吃剩下的饭菜，食用前不必行祭食礼。父亲吃儿子剩下的饭菜，不祭；丈夫吃妻子剩下的饭菜，不祭。陪同长者参加宴会，如果主人厚待少者如同长者，有长者在场，少者就不用推辞，作为宴席上的陪客，也不用客气推辞。汤里有菜的就用筷子,没有菜的汤就不用筷子。为天子削瓜,先削去皮,再切成四块，然后横切一下，盖上细葛布。为国君削瓜，先削了皮，再切成两块，盖上粗葛布。为大夫削瓜，削皮后也切成两块，不用覆巾；士人只要切掉瓜蒂，再横切一刀。庶人在去除瓜蒂后就捧着整个瓜啃着吃。

35 父母有疾，冠者不栉[①]，行不翔[②]，言不惰，琴瑟不御[③]。食肉不至变味，饮酒不至变貌，笑不至矧[④]，怒不至詈[⑤]。疾止复故。有忧者侧席而坐，有丧者专席而坐。

注释

①栉 zhì：用梳子梳头发。

②翔：走路轻快的样子，张开双臂走路。

③御：弹奏。

④矧 shěn：齿龈。

⑤詈 lì：骂人。

译文

父母生病，成年的儿子由于心中忧虑，忘记了梳头，走路也不像平日那样甩开双臂，开玩笑的话也不讲了，也不弹奏乐器了，吃肉也不能多到口味发生改变，饮酒不至于喝到脸红，笑不能露出齿龈，怒不至开口骂人。等到父母病状消失，做儿子的这才恢复了常态。心中有忧虑的人，独自设席而坐，有丧服的人要坐在专门的座席上。

36 水潦降，不献鱼鳖。献鸟者佛其首[①]，畜鸟者则勿佛也[②]。献车马者执策绥[③]，献甲者执胄[④]，献杖者执末，献民虏者操右袂[⑤]，献粟者执右契，献米者操量鼓，献孰食者操酱齐[⑥]，献田宅者操书致[⑦]。

注释

①佛：通"拂"。意谓扭转头。②畜鸟：蓄养之鸟，即家禽。

③策绥 suí：策，马鞭。绥，借以登车的绳索。车马体积太大，不易呈现，所以用策绥作为代表。所以郑玄说："设其大者，举其小者，便也。"以下各句都是这种情况。

④胄：头盔。

⑤右袂：右手的袖子，这是为了防止俘虏反抗。

⑥孰：同"熟"。熟食。

⑦书致：书契，画图于板再加文字说明，犹如后世的平面图。

译文

雨水多的季节，不要进献鱼鳖。凡是进献野鸟都要扭转它的头部，以防啄人，进献家中蓄养的鸟，就无须如此。进献车马，只要献上马鞭和等车索就行了，进献全身盔甲的，只要献上头盔就行了，进献手杖，要手执手杖的末端，献俘虏的时候要抓住他的右袖口，以防抗拒。进献谷物的人，只要呈上契卷的右一半就行了，进献米的，只要拿上量米的容器就行了，献熟食的要拿着肉酱一类的调料，进献田地、房产的，拿着田契、房契即可。

37 凡遗人弓者①，张弓尚筋②，弛弓尚角③，右手执箫，左手承弣④，尊卑垂帨⑤。若主人拜，则客还辟⑥，辟拜。主人自受，由客之左，接下承弣，乡与客并，然后受。进剑者左首。进戈者前其镈⑦，后其刃，进矛戟者前其镦⑧。

注释

①遗 wèi：赠予。

②尚：通“上”。筋：弓弦。

③角：弓背。

④弣 fǔ：弓把中部。

⑤垂帨 shuì：佩巾。

⑥还辟：即“旋避”。孔颖达云：“还辟，犹逡巡也。”

⑦镈 zūn：戈柄下端的圆锥形金属套。

⑧镦 duì：矛戟柄末的平底金属套。

译文

凡是向人赠送弓的，如果弓弦张紧的，弓弦朝上，弓弦没有张紧的，弓背朝上，右手拿着弓梢，左手托着弓背的中部，授受双方无论身份尊卑都要躬身致意，佩巾下垂。如果主人下拜，客人要马上退避，避开主人的拜。如果是主人自己接受弓，要从客人的左侧，用左手接住弓背的中部，右手托住把手，与客人并肩朝着同一方向站立，然后接过弓来。送给别人剑要剑柄朝左，以便对方接受。送给别人戈，要使戈柄下端的金属套朝前，戈刃朝后，送给别人矛、戟也要让柄下端金属套朝前。

38 进几杖者拂之①。效马效羊者右牵之，效犬者左牵之。执禽者左首。饰羔雁者以缋②。受珠玉者以掬③。受弓剑者以袂。饮玉爵者弗挥。凡以弓剑、苞苴、箪笥问人者④，操以受命，如使之容。

注释

①几杖：几，矮足小桌，老人坐而凭依。

杖，手杖，老人行而扶持。

②饰：覆盖。缋 huì：通“绘”。此指绘有云气形的画布。

③掬 jū：用双手捧起。因珠玉易碎，用双手捧起，以示慎重。

④苞苴 bāojū：用蒲草制成的用以装鱼肉的草袋。

箪笥 dānsì：竹或苇制的圆形和方形盛饭器。

孔颖达疏：“箪圆笥方，俱是竹器，亦以苇为之。”

译文

送人几案和手杖，要先用衣袖拂拭几下。进献马，进献羊，要用右手牵着。献犬要用左手牵着。以鸟送人，要把鸟头向左。送人羊羔、大雁，要给它们蒙上画布。接受珠玉要双手平捧着。接受弓、剑都要用衣袖承接。用玉杯喝完酒，不要泼洒余酒。凡是用弓、剑、装鱼肉的草袋、盛饭的竹器赠送人的，被派去的人拿着礼物接受使命时，其仪态就像出使他国的使者。

39 凡为君使者，已受命，君言不宿于家。君言至，则主人出拜君言之辱；使者归，则必拜送于门外。若使人于君所，则必朝服而命之[①]；使者反，则必下堂而受命。

注释

①朝服：表示对君主的敬畏。孔颖达云：“敬君，故朝服名使也。然命使者言朝服，则君言至亦朝服受之，互言之。”

译文

凡是被国君派去做使者的人，接到命令再就不能在家里逗留，要尽早出发。君主命令到达时，主人要到大门口迎接并拜谢使者，说委屈使者屈尊前来传命；使者回去的时候，一定拜送使者回去。如果派人到国君那里去，就一定要穿上朝服嘱咐他；使者返回时，主人也要穿上朝服听取所派人员回传君主的命令。

40 博闻强识而让[①]，敦善行而不怠，谓之君子。君子不尽人之欢，不竭人之忠，以全交也。

注释

①识 zhì：记住。

译文

见识广博、记忆力很强却懂得谦让，一贯注重做好事却不懈怠，这说的就是君子。君子不强求被人时时刻刻地喜欢，也不强求别人尽心竭力地忠诚，这样才能使友情得以保全。

41 礼曰："君子抱孙不抱子[①]。"此言孙可以为王父尸[②]，子不可以为父尸。为君尸者，大夫、士见之则下之。君知所以为尸者，则自下之。尸必式[③]，乘必以几。

注释

①抱孙不抱子：古代祭祀礼仪要用尸充当受祭的对象，尸一般要以孙辈的男孩来担当，如果孙子年幼，可以由成人抱着为尸，但不能以子为尸。

②王父：已故的祖父。尸：充当受祭者受人礼拜的人。

③式：通“轼”。车厢前可以扶持的横木。

译文

礼书上说：“君子抱孙不抱子。”就是说，祭祀的时候，孙子可以充当代表祖父接受祭祀的尸，但儿子就不可以充当父亲的尸。作为国君的尸，大夫、士见了都要下车敬拜。国君知道某人充当自己的受祭人，则亲自下车敬拜他。尸在车上要扶着横木行礼答谢，尸在登车时要用踩着几案上去。

42 齐者不乐不吊。居丧之礼，毁瘠不形[①]，视听不衰，升降不由阼阶[②]，出入不当门隧[③]。居丧之礼，头有创则沐，身有疡则浴，有疾则饮酒食肉，疾止复初。不胜丧，乃比于不慈不孝。五十不致毁，六十不毁。七十唯衰麻在身[④]，饮酒食肉，处于内。

注释

①毁瘠 jí：亦作“毁脊”。因居丧过哀而极度消瘦。
形：露骨。孔颖达云：“形，骨露也。”

②阼 zuò 阶：堂前东阶，本是主人上下堂所行，居丧时升降不由东阶，因为这是父亲过去所走的台阶，追忆思念，所

以就不忍心再登了。

③门隧：大门外正对大门的路中央。

④衰麻：丧服，衰衣麻绖 dié。古代用麻做的丧带，在头上为首绖，在腰为腰绖。

译文

斋戒的人在斋戒期间，不参加娱乐活动，也不去慰问别人。守丧之礼，要节制哀伤，不要消瘦得变形，视力听力不要减退，上下堂时不要走东边的阶梯，出入时也不要走当门的中道。居丧期间，头上起了疮就要洗头，身体有溃疡就要沐浴，有了疾病可以饮酒食肉，病好了就回到当初守丧时的状态。如果不能承受丧事的悲痛而身体崩溃，那就是不慈不孝。五十岁的人遇到丧事不要因过度悲哀而伤了身体，六十岁的人,可以不因悲伤而消瘦。七十岁的人只要披麻戴孝就行，可以饮酒吃肉，住在屋里。

43 生与来日①，死与往日②。知生者吊。知死者伤。知生而不知死，吊而不伤。知死而不知生，伤而不吊。

注释

①与：以。生：生者服丧的日期、规矩。来日：死者死的次日。

②死：死者的殡殓日期。往日：人死当天。

译文

生者服丧，要从死者死的第二天算起，死者的殡殓要从死者死的当天算起。和死者家属是朋友的，致慰问之辞。和死者生前是朋友的，就致哀悼之辞。只和死者家属是朋友而和死者生前没有交情的，只向家属致慰问而不致哀悼。和死者生前是朋友但而死者家属没有交情的只对死者致悼念而不向家属致慰问。

44 吊丧弗能赙[①]，不问其所费。问疾弗能遗[②]，不问其所欲。见人弗能馆[③]，不问其所舍。赐人者不曰来取，与人者不问其所欲。适墓不登垄，助葬必执绋[④]。临丧不笑。揖人必违其位。望柩不歌。入临不翔。当食不叹。邻有丧，舂不相[⑤]；里有殡，不巷歌。适墓不歌，哭日不歌。送丧不由径，送葬不辟涂潦[⑥]。临丧则必有哀色，执绋不笑，临乐不叹，介胄则有不可犯之色[⑦]。故君子戒慎，不失色于人。国君抚式[⑧]，大夫下之。大夫抚式，士下之。

注释

①赙 fù：拿钱财帮助别人办理丧事。

②遗 wèi：馈赠。

③馆：提供住的地方。

④绋 fú：古代出殡时拉棺材用的大绳。

⑤相：唱歌助兴。

⑥潦：积水。

⑦介胄：身穿盔甲。

⑧式：通“轼”。车厢前可以扶持的横木。

译文

吊丧时，如果不能出财物帮助办事，就不要问花费了多少。探望病人，如果不能馈赠礼品，就不要问他想要什么。见到行人，如果不能为他提供住宿的地方，就不要问他住在哪里。送人物品，不要说去我家拿，送人东西，不要问人家想要不想要。去墓地不要登上坟头。帮助安葬，一定要手执牵引棺车的绳索。身临丧所，不要大笑。向人作揖，一定离开座位。望见灵柩，不要歌唱。进入灵堂，不要张开双臂。面对食物，不要叹气。邻家有丧事，舂米时不要唱劳动号子。同里有丧事，不在里巷中唱歌。到了墓地不要唱歌，吊丧的日子，不要唱歌。送丧不要走小路，送葬不要避开路途的积水。参加追悼一定要有悲哀的神色，手执牵引棺车的绳索时，不要嬉笑，听到歌声不要叹气。身穿盔甲，就要表现出不可侵犯的神态。所以君子必须时时警惕慎重，不在别人面前失态。国君如果行凭轼之礼，大夫就要下车致敬。大夫如果行凭轼之礼，士就要下车致敬。

45 礼不下庶人，刑不上大夫。刑人不在君侧。兵车不式[①]，武车绥旌[②]，德车结旌[③]。

注释

①兵车不式：兵车讲究的是武猛，不用讲究礼节，所以不式。

②武车：即兵车，因行进时威武勇猛，故称为武车。

绥旌：车上旌旗及彩带下垂的样子。绥，垂舒貌。

③德车：不用于军事的车。据李善注："《周礼》曰：王之五路，

一曰玉路，二曰金路，三曰象路，四曰革路，五曰木路。”其中古代帝王所乘五路中的玉、金、象、木四路的车为德车，因为这四路车不用于军事，故曰德车。而革路用于军事，为兵车。

译文

礼制不下及于庶人，刑罚不上及于大夫。受过刑罚的人，不能在国君的身旁。用于战斗的兵车上是不需要讲究礼节的，用于行兵打仗的武车上的旌旗是舒展的，国君的非军事性的德车上的旌旗是收束的。

46 史载笔，士载言①。前有水，则载青旌②。前有尘埃，则载鸣鸢③。前有车骑，则载飞鸿④。前有士师，则载虎皮。前有挚兽，则载貔貅⑤。行，前朱鸟而后玄武，左青龙而右白虎⑥；招摇在上⑦，急缮其怒⑧；进退有度，左右有局，各司其局。

注释

①史：即史官，执着记录君事。士：即司盟之士，负责准备好有关盟辞的文件。②青旌：画有青雀的旌旗。

③鸣鸢 yuān：张开嘴的老鹰。前有尘埃，则载画有鸣鸢的旌旗。孔颖达疏：“鸢，今时鸱也。鸱鸣则风生，风生则尘埃起；前有尘埃起，则画鸱于旌首而载之，众见咸知以为备也。”④飞鸿：大雁。

⑤貔貅 píxiū：古书上说的一种凶猛的瑞兽。

⑥“前朱鸟”二句：古代军事家按照天文四宫布列的前后左

右军阵，这里的前后左右分别是南北东西，朱鸟、玄武、青龙、白虎为二十八宿的之南、北、东、西方向的星宿。

⑦招摇：北斗七星中位于勺星的一星，此处指北斗星。

⑧缮：强劲。怒：士气。郑玄云：“急，犹坚也。缮，读曰劲。军之威怒象天帝也。”

译文

国君参加会盟，随行的史官要带着书写工具，司盟的士要准备好有关盟辞的文件。行军时，如果前方有水，前导的兵车就挂起画有青雀的旌旗。前方如果有大量尘埃，前导的兵车就挂起画有张着嘴的老鹰的旗帜。如果前方有车马队伍，前导的兵车就挂起画有大雁的旗帜。如果前方有军队，前导的兵车就挂起老虎皮。如果前面有猛兽，就挂起画有貔貅的旗帜。军队行军的阵法是：前边部队高举画有朱雀的旗帜，后面部队高举画有玄武的旗帜；左边的部队高举画有青龙的旗帜，右边的部队高举画有白虎的旗帜；中间部队高举画有北斗七星的大旗，令将士士气高昂、威猛强健。前进后退，都有一定法度。左右部分有布局，都有各自的专司负责自己的职责。

47 父之仇，弗与共戴天。兄弟之仇，不反兵①。交游之仇，不同国。

注释

①不反兵：不返回家里取兵器。反，同“返”。兵，兵器。

译文

对于杀父的仇人，不能和他共存于一片天之下。对于杀死兄弟的人，要随时携带兵器和他决斗，来不及返回家里取兵器。对于杀害朋友的人，不和他生活在同一个国家。

48 四郊多垒[①]，此卿大夫之辱也。地广大，荒而不治，此亦士之辱也。

注释

①垒：堡垒，作战时的防御工事。

译文

国都四郊筑有许多防御堡垒，那就是卿大夫的耻辱。土地尽管广阔，却荒废不利用，这也是士的耻辱。

49 临祭不惰。祭服敝则焚之[①]，祭器敝则埋之，龟筴敝则埋之[②]，牲死则埋之。凡祭于公者，必自彻其俎[③]。

注释

①敝：破，旧也。

②龟：占卜用的龟甲。筴：通“策”。用于占筮的蓍草。

③俎 zǔ：古代祭祀时放祭品的器物。

译文

参加祭祀，就不能懈惰。祭服破了就要烧掉，祭器坏了就要埋掉，用于卜筮的龟甲、蓍草坏了要埋掉，供祭祀用的牺牲死了要埋掉。凡在国君的宗庙里助祭的士，祭祀后要把自己用过的盛放祭品的器物撤除掉。

50 卒哭乃讳[①]。礼不讳嫌名[②]，二名不遍讳[③]。逮事父母，则讳王父母[④]。不逮事父母，则不讳王父母。君所无私讳[⑤]，大夫之所有公讳[⑥]。《诗》《书》不讳。临文不讳。庙中不讳。夫人之讳，虽质君之前，臣不讳也。妇讳不出门。大功、小功不讳[⑦]。入竟而问禁[⑧]，入国而问俗，入门而问讳。

注释

①卒哭：丧礼的祭名之一，按照规定，埋葬之后要举行虞祭，虞祭之后要举行卒哭之祭。古代丧礼，百日祭后，止无时之哭，变为朝夕一哭，名为卒哭。因为孝子从亲人死之日起，至卒哭之前止，极度悲痛，所以无时不哭。卒哭之后，停止此无时不哭，改为早夕各一哭。卒哭之前是丧祭，卒哭属于吉祭。吉祭，是把死者当神鬼看待。讳，避免称呼死者大名。

②嫌名：指与人名读音相近的字，如禹与雨。

③遍讳：名有两个字的只讳其中一个。郑玄曰：“偏讳，二名不一一讳也。孔子之母名征在，言在不称征，言征不称在。”

④王父母：祖父母。

⑤私讳：家讳，即避免称呼自家尊长的大名。⑥公讳：国君之讳。⑦大功、小功不讳：五等丧服依次是：斩衰、齐衰、大功、小功、缌麻。斩衰、齐衰是与死者关系近的人所应穿的，大功以下则是和死者关系较疏远的人穿的，所以大功以下就不必避讳了。⑧竟：通“境”。

译文

行过卒哭之祭后，就要避免称呼死者的名了。按礼的规定，不用避讳和死者名读音相同的字，双字之名不用都避讳，只避讳一个就可以了。如果赶上了侍奉父母，就要避讳祖父母之名，如果没有赶上侍奉父母，就不用避讳祖父母的名了。在国君那里，官员不需避家讳，在大夫面前，人们仍要避国君之讳。在诵读《诗经》《尚书》时，不必避讳。写文章时，不需避讳。庙祭时，祝词不需避讳。国君夫人的讳，即使是和国君说话，臣子也不需避讳。妇人的名讳，出了家门就不必避讳了。对大功、小功之类的亲属，不必避讳。到了一个陌生的地方，就要询问他们的禁忌。进入一个国家，就要打听他们的风俗。进入别人的家门，就要打听主人的避讳。

51 外事以刚日①，内事以柔日②。凡卜筮日，旬之外曰“远某日”，旬之内曰“近某日”。丧事先远日③，吉事先近日④，曰：“为日，假尔泰龟有常⑤。”“假尔泰筮有常。”卜筮不过三。卜筮不相袭⑥。龟为卜，策为筮。卜筮者，先圣王之所以使民信时日、敬鬼神、畏法令也；所以使民决嫌疑、定犹与也。故曰：“疑而筮之，则弗非也。日而行事，则必践之。”

注释

①刚日：古代以“十干”记日，甲、丙、戊、庚、壬五日居奇位，属阳刚，故称为刚日。

②柔日：凡天干值乙、丁、己、辛、癸的日子称柔日。因均属偶数，也称偶日。

③丧事先远日：丧事，指安葬、祥祭等日子，要求在下个月的下旬，如果没有，再往近择下个月的中旬，这样先远后近卜择，故曰“先远日”。

④吉事先近日：吉事指吉祭、冠礼、婚礼等，要先卜下个月的上旬，再卜下个月的中旬，这样先近后远卜择，故曰“先近日”。

⑤泰：尊敬之辞。⑥袭：重复。

译文

家外的重要活动要在单数日进行，家内的重要活动要在双数日进行。凡用卜筮来选定日期，若在一旬之外的某天就称为“远某日”。若在一旬之内的某天就称为“近某日”。丧葬等事，应先从远往近选择。吉事的日子，应从近向远选择，卜时要说：“卜个吉日，借助泰龟判个吉凶，泰龟的灵验是恒常的。”筮时，说：“筮个吉日，借助泰筮判断吉凶，泰筮的灵验是一贯的。”卜筮不能超过三次。卜和筮不能同时重复运用。用龟甲判断吉凶叫卜，用蓍草判断吉凶叫筮。用龟甲去卜和用蓍草去筮，这是早先圣王用来使人民信服选定的日期，崇敬鬼神，畏惧法令。也是用来使人民消除疑惑，确定犹豫不决的行动。所以说，正是有了疑虑才去占筮，所以就不要对占筮的结果表示怀疑；占得吉日而行事，就一定如期进行。

52 君车将驾，则仆执策立于马前[①]。已驾，仆展軨效驾[②]，奋衣由右上[③]，取贰绥[④]，跪乘，执策分辔[⑤]，驱之五步而立。君出就车，则仆并辔授绥，左右攘辟[⑥]。车驱而驺[⑦]，至于大门，君抚仆之手，而顾命车右就车。门闾、沟渠必步[⑧]。

注释

①策：马鞭。

②軨 líng：古代车厢前面和左右两面的木栏，这里指车身。效：试验，检查。

③奋衣：振衣去尘。

④贰绥 suí：副绥。绥是登车时的手拉的牵绳。绥有两种，一种是副绥，为驾车之仆和充当警卫的左右登车所用；另一种是正绥，为国君登车时所用。

⑤辔 pèi：驾驭牲口的嚼子和缰绳。

⑥攘辟：避开。郑玄注："谓群臣陪位侍驾者攘却也。攘，古让字。"

⑦驺 qū：通"趋"。快跑。

⑧必步：下车步行。

译文

国君的车将要套上马，仆人要手执马鞭站立在马前。马套好后，仆人要查看车子，检验是否套得安稳，然后抖掉身上的灰尘，从右边上车，手拉着仆人登车时的绳索，上车后，要跪在车上，拿起马鞭，两手分握缰绳，赶车前进五步停下来。国君出来登车时，仆人这时要用一个手握住缰绳，并用另一只手把国君上车用的牵绳递给他，国君上车后，左右仆从都要避让。驾驶人驱马急行，负责警卫的左右快速跟在车后，车子到大门口时，国君按住仆人的手，示意停车，并回过头来让左右警卫登车。车子经过里门、沟渠时，左右必须下车步行。

53 凡仆人之礼，必授人绥。若仆者降等[①]，则受，不然则否。若仆者降等，则抚仆之手，不然则自下拘之[②]。

注释

①降等：假如士为大夫驾车、大夫为卿驾车，这就叫作“降等”。

②拘 gōu ：取。

译文

按礼来说，凡是驾车人一定要把登车绳索递给乘车者。如果驾车者的身份比乘车者低，那么乘车者就接受，不然的话，就不能接受。如果驾车者的身份低于乘车者，在递给乘车者登车绳索时，乘车者要用手按住驾车者的手，表示谦谢，如果驾车者和乘车者身份同等，乘车者就从驾车者的手下方直接接过登车绳索。

54 客车不入大门。妇人不立乘。犬马不上于堂。故君子式黄发[①]，下卿位，入国不驰，入里必式。君命召，虽贱人，大夫、士必自御之[②]。介者不拜，为其拜而蓌拜[③]。祥车旷左[④]。乘君之乘车，不敢旷左；左必式。仆御归人，则进左手，后右手。御国君，则进右手，后左手而俯。国君不乘奇车。车上不广欬[⑤]，不妄指。立视五巂[⑥]，式视马尾，顾不过毂[⑦]。国中以策彗恤勿驱[⑧]，尘不出轨。

注释

①黄发：老年人。

②御：迎接。

③蓌 cuò 拜：半跪半蹲的样子。

④祥车旷左：祥车，死者生前所乘的车，下葬时作为送葬的魂车。旷左，空出左方来。因为车上贵左，把左方作为死者灵魂的神位。

⑤广欬 kài：放肆地咳嗽。

⑥巂 guī：通“规”。指车轮转一周的距离。

⑦毂 gǔ：车轮中心的圆木，周围与车辐的一端相接。

⑧策彗：以带叶竹帚制作的马鞭。恤勿驱：轻轻搔痒马匹。

译文

客人的马车不能驶入主人大门。妇人不能站着乘车。不能牵着狗或者马上堂。君子乘车遇到老人时，要凭轼致敬，经过卿的朝位时要下车致敬，进入城门时，不要快马奔驰，进入里巷要凭轼致敬。国君命人召唤的人，即使地位低贱，大夫、士都要亲自迎接。穿盔甲的人不拜，因为他的举止会因穿盔甲而显得失礼，随葬的车子要把左面的位置空下。乘国君的车不敢让左边的位子空着，在车子左面的位置就一定要俯身凭轼以表示谦逊。仆人为妇人驾车，要伸出左手执辔，右手后缩，这是为了避免嫌疑。为国君驾车，要用右手执辔，左手朝后，朝国君微微俯身，这是为了表示尊敬。国君不乘不合法度的车。在车上不要大声咳嗽。不要胡乱指点。站着，视线达到车轮转动五周的距离，凭轼行礼时，视线看到马尾就行了，回头看时，视线不要超过车轮中心的圆木。进入国都行车，要用竹帚制作的马鞭轻轻搔痒马匹，不要让马快步奔驰。不要让尘土飞扬出来。

55 国君下齐牛①，式宗庙。大夫、士下公门，式路马②。乘路马，必朝服，载鞭策，不敢授绥，左必式。步路马，必中道。以足蹙路马刍③，有诛。齿路马，有诛。

注释

①齐：同“斋”。

②路马：为国君驾车的马。因国君所乘之车名路，故名。

③蹙 cù：通“蹴”。践踏。

译文

国君行经宗庙时要下车，遇到供祭祀用的牛要凭轼致敬。大夫、士路过国君的门口要下车，遇到路马要凭轼致敬。臣子驾乘路马，一定要穿上朝服，不敢使用马鞭，也不敢把登车时手拉的牵绳递给别人，在车子左边的位置时，一定要凭轼以示致敬。牵着路马行走，一定要走道路的中间。以脚践踏路马所用草料者，要受罚。掰开马口估量路马年龄者，要受罚。

曲礼下

题解

郑玄云:“义与前篇同。简策重多，分为上下。”因《曲礼》篇幅较为冗长,自郑玄注解以来就分为上下篇。此篇即为下篇,所叙大意与前篇相同。

1 凡奉者当心[①],提者当带。执天子之器则上衡[②],国君则平衡，大夫则绥之[③]，士则提之。凡执主器,执轻如不克[④]。执主器，操币圭璧[⑤]，则尚左手，行不举足,车轮曳踵[⑥]。立则磬折垂佩。主佩倚则臣佩垂,主佩垂则臣佩委[⑦]。执玉，其有藉者则裼[⑧]，无藉者则袭[⑨]。

注释

①奉：通“捧”。②上衡：在胸口上面。衡，与胸口齐平。

③绥 tuǒ：通“妥”。心间之下。郑玄曰:“绥，读曰妥，妥之，谓下于心。”④克：胜任。

⑤币：指缯帛。圭璧：指瑞玉，用于祭祀或朝聘。

⑥车轮曳踵：行走时足跟不离地，像车轮一样移动前进。

⑦“主佩”二句：这是讲使臣和主国国君授受之礼。佩，指衣带玉佩。垂，悬挂。委，垂至地面。

⑧裼 xī：袒露左臂，露出裼衣。

⑨袭：衣上加衣，这里指盖住。

译文

凡是捧东西，要把东西捧到胸前。提东西时，要让手与腰带齐平。手拿天子的器物时要高于胸口，手拿国君的器物时要与胸口齐平，手拿大夫的器物时要低于胸口，手拿士的器物时，提到腰部就行了。凡臣子手拿国君的器物时，即使很轻也要像拿不动一样小心翼翼。在拿君主的器物，或手拿缯帛、瑞玉时就要左手在上，右手在下，行走时不要抬脚，像车轮转动一样拖着脚后跟谨慎前进。站立时要像磬那样弯曲，使腰带上的玉佩垂下来。君主和臣子在一块站立，如果君主直立而玉佩贴在身上，那么臣子就要稍微俯身，使玉佩自然下垂。如果国君弯腰使玉佩自然下垂，那么臣子就要大幅度弯腰，使玉佩垂至地面。到别国出访的使者在拿着玉器时，如果玉器有彩色垫子，使臣就要袒露左臂，露出裼衣。如果玉器没有彩色垫子，使臣就要穿好衣服，不要露出裼衣。

2 国君不名卿老、世妇①。大夫不名世臣、侄娣②。士不名家相、长妾③。君大夫之子，不敢自称曰“余小子”④。大夫、士之子，不敢自称曰“嗣子某”⑤，不敢与世子同名⑥。

注释

①卿老：上卿。世妇：随嫁来的妾，位低于夫人高于众妾。

②世臣：父时旧臣。侄娣 dì：侄，妻兄之女。娣，妻之妹。

③家相：主持家事者。长妾：妾之先生子者。

④余小子：天子在服丧时的自称之辞。

⑤嗣子某：诸侯在服丧时的自称之辞。

⑥世子：指太子。

译文

国君不可以直呼上卿及身份仅次于夫人的世妇的名字。大夫不可以直呼老臣、侄娣的名字。士不可以直呼管家、地位较高的妾的名字。国君和大夫的儿子守丧时，不能自称“余小子”。大夫和士的儿子守丧时，不能自称“嗣子某”。大夫、士不敢让自己的儿子与国君的世子同名。

3 君使士射，不能，则辞以疾，言曰："某有负薪之忧。"①侍于君子，不顾望而对，非礼也。

注释

①负薪之忧：古代士自称有病的谦称。

译文

国君让士陪着进行射箭时，士如果不会射，就要以疾病来推辞，应该这样说："某有负薪之忧。"在陪伴君子时，如果不环顾周围有没有比自己知识渊博的人就直接回答，这是不合礼仪的。

4 君子行礼，不求变俗。祭祀之礼，居丧之服，哭泣之位，皆如其国之故，谨修其法而审行之①。去国三世，爵禄有列于朝，出入有诏于国，若兄弟宗族犹存，则反告于宗后。去国三世，爵禄无列于朝，出入无诏于国[②]，唯兴之日，从新国之法。

注释

①修：遵循。王引之《经义述闻》认为“修”为“循”字之误，其实“修”已含“循”义。

②出入：指吉凶之事。

译文

君子在外国行礼时，不要刻意强求自己改变本国的礼俗。祭祀的礼仪、居丧的服制、哭泣的位置都要像在故国一样，小心地遵循故国的法度并且谨慎地加以实行。离开故国已经三代，如果家族中还有人在朝中做官的，或者遇到喜事、丧事和国内尚有往来的，这种情况下，就要回国访告还生活在故国的宗族的后人。离开故国已经三代，如果家族中没有人在朝中做官，遇到喜事、丧事和国内也没有往来的，则从担任新国的官吏之日起就要遵循新国的法度。

5 君子已孤不更名[①]，已孤暴贵，不为父作谥[②]。居丧未葬，读丧礼；既葬，读祭礼。丧复常，读乐章。居丧不言乐，祭事不言凶，公庭不言妇女。

注释

①孤：父去世为孤。因名为父取，父死不更名，表示追念重本。

②谥 shì：谥号。古代有地位的人死后，按照其生平行事给他定的称号，即谥号。

译文

君子在父亲亡故后不再更换名字，父亡之后，做儿子的突然暴富起来，这种情况下，不为父亲加定美谥。在居丧期间，没有下葬之前，就要研读丧礼；已经下葬后，就要研读祭礼。丧期结束恢复正常就可以诵读乐章了。居丧期间，不能谈论乐事。祭祀时不谈论凶事。公廷上不谈论关于妇女的事。

6 振书、端书于君前，有诛[①]。倒筴、侧龟于君前，有诛。龟筴、几杖、席盖、重素、袗絺绤[②]，不入公门。苞屦、扱衽、厌冠[③]，不入公门。书方、衰、凶器[④]，不以告，不入公门。公事不私议。

注释

①有诛：受罚。

②重素：上衣、下裳皆为素，有似丧服。

袗 zhěn 絺绤：穿着葛布做的内衣。袗，单衣，这里作动词用，指穿。絺，细葛布。绤，粗葛布。

穿着葛布做的内衣出门不雅观，因此出门要加一层罩衣。又《论语·乡党》：“当暑，袗絺绤，必表而出。”

③苞屦：蒲草制成的鞋，这里指居丧所穿的一种草鞋。

扱衽 chā rèn：衣襟插在腰带内。陈澔集说：“扱衽，以深衣前衽扱之于带也。盖亲初死时，孝子以号踊履践为妨，故扱之也。”

厌 yàn 冠：古丧礼小功以下所服之冠。郑玄注：“厌冠，今丧冠。”

④书方：记载殉葬物件名称数目的方版。衰 cuī：丧服。凶器：即明器，专为随葬而制定的器物。

译文

侍从人员在国君的面前拂拭书上灰尘，整理凌乱的文件，都要受罚。卜筮人员在国君面前颠倒了筮策，放歪了龟甲，都要受罚。问吉凶用的龟策，老人用的凭几、手杖、官员私人的坐席和伞盖，通身素服，没罩礼服的夏布衣裳，都不许进入国君的宫门。脚踏草鞋，撩起衣裳前襟插在腰带内，头戴丧冠，这种种丧服打扮，都不许进入国君的宫门。国君宫中有人死了，记载丧事用品的书板、丧服、棺材之类的器物，非经过许可，也不准擅自进入国君的宫门。公事不得私下商议。

7 君子将营宫室①，宗庙为先，厩库为次②，居室为后。凡家造，祭器为先，牺赋为次③，养器为后。无田禄者，不设祭器。有田禄者，先为祭服。君子虽贫，不粥祭器④；虽寒，不衣祭服；为宫室，不斩于丘木⑤。

注释

①君子：这里指国君。

②厩库：厩，养马之地。库，藏物之地。

③牺赋：从采地征收供祭祀用的牺牲。

④粥：通“鬻”。出卖。

⑤丘木：指墓地树木。

译文

国君将要建造宫室，应当先建宗庙，其次建造马圈和库房，最后才建造居室。凡大夫之家制造器物用具，首先要制作祭祀用的器物，其次征收供祭祀用的牺牲，再次就是制造饮食用的器具。没有田产俸禄的人，不用置办祭器。有田产俸禄的人要先制作祭服。君子虽然贫穷，也不要出卖祭器；虽然寒冷，也不穿祭服御寒；建造宫室，不砍伐坟地的树木。

8 大夫、士去国，祭器不逾竟[①]。大夫寓祭器于大夫，士寓祭器于士。大夫、士去国逾竟，为坛位，乡国而哭；素衣，素裳，素冠；彻缘[②]，鞮屦[③]，素幦[④]，乘髦马[⑤]，不蚤鬋[⑥]，不祭食；不说人以无罪；妇人不当御。三月而复服。

注释

①竟：通“境”。指国境。

②彻缘：去掉里衣的彩色边饰，表示丧服。

③鞮屦 dījù：指没有装饰的草鞋。

④素幦 mì：用白狗皮制成的车轼上的覆盖物。

⑤髦 máo 马：不修剪鬃毛的马。

⑥蚤鬋 zhǎo jiǎn：蚤，通“爪”。指修剪指甲。鬋，指修剪胡须。

译文

大夫、士离开国家，不可将祭器带出境外。大夫要把祭器寄放在大夫家里，士的祭器要寄放在士的家里。大夫、士离开国家，出了国境以后，就要在地上堆起土坛，望着祖国的方向痛哭；上穿素衣，下穿素裳，头上戴着素冠；去掉里衣的彩色边饰，穿上没有装饰的草鞋，坐着用白狗皮包着的车子，驾着没有剪剃鬃毛的马，自己的指甲不修，胡须不剪，吃饭时也不再行祭食礼，不再向别人解释自己无罪；也不让妇人侍寝，就这样过了三个月才恢复原来的装束行为。

9 大夫、士见于国君，君若劳之，则还辟[①]，再拜稽首[②]；君若迎拜，则还辟，不敢答拜。大夫、士相见，虽贵贱不敌，主人敬客则先拜客；客敬主人则先拜主人。凡非吊丧，非见国君，无不答拜者。

注释

①还辟：向旁边退避。

②稽首：跪拜时叩头至地，这是九拜中最恭敬的拜礼。

译文

大夫、士拜见国君，国君如果亲自加以慰劳，大夫、士要闪身躲避，表示不敢接受，然后面对国君，再拜磕头。国君如果迎接先拜，大夫、士也要闪身躲避，表示不敢接受其拜，也不敢回拜。大夫、士相见时，即使身份贵贱有别，主人尊敬客人，就先拜客人；客人尊敬主人，就先拜主人。凡不是吊丧，不是士见其国君，没有受拜不回拜的。

10 大夫见于国君[1]，国君拜其辱。士见于大夫，大夫拜其辱。同国始相见，主人拜其辱。君于士，不答拜也；非其臣，则答拜之。大夫于其臣，虽贱，必答拜之。男女相答拜也。

注释

①此处讲的是大夫、士出聘他国，进见他国之君。

译文

身为外国聘使的大夫来见主国国君，主君要拜他屈身前来访问。士拜见大夫，大夫要屈尊回拜。同国之人初次相见，主人要先屈尊相拜，国君对于士，不必回拜，但是，如果是他国之士，由于不是自己的臣下，国君就要回拜。大夫对于自己的臣下，即使地位卑贱，也必须进行回拜。男女之间要互相回拜。

11 国君春田不围泽，大夫不掩群，士不取麛卵[1]。

注释

①麛 mí：幼鹿。

译文

国君春天打猎时，不要包围猎场。大夫不要整群地猎取鸟兽，士不可把小鹿和鸟卵都取走。

12 岁凶，年谷不登，君膳不祭肺[①]，马不食谷，驰道不除，祭事不县[②]。大夫不食粱[③]，士饮酒不乐。君无故玉不去身，大夫无故不彻县，士无故不彻琴瑟。

注释

①祭肺：按礼，美食必祭。周人重肺，故食前以牲肺祭。此处不祭肺指不杀牲。郑玄注："礼食杀牲则祭先，有虞氏以首，夏后氏以心，殷人以肝，周人以肺，不祭肺，则不杀也。"

②县：同"悬"。指悬挂乐器。

③粱：精美的主食。

译文

遇到荒年，谷物没有收成，国君就不再杀牲吃肉，所以用饭时也无需用肺来行祭食礼，国君的马匹也不再喂谷物，驰道上的草也不再清除，祭祀时不再奏乐。大夫不再吃精美的主食，士饮酒时不再以音乐助兴。国君如果没有特别的变故佩玉就不能离身，大夫如果没有特别的变故就不能撤去家中悬挂的钟磬，士如果没有特别的变故就不能撤除家中摆设的琴瑟。

13 士有献于国君，他日，君问之曰："安取彼？"再拜稽首而后对。大夫私行出疆[①]，必请，反必有献。士私行出疆，必请，反必告。君劳之，则拜；问其行，拜而后对。

注释

①私行：因私事出行。

译文

士有礼品进献给国君，过几天，国君说："你从哪儿得来的这些东西？"士要再拜磕头然后回答。大夫因为私事需要出境，必须请示，返回来后要有所进献。士因为私事需要出境，必须请示，返回来后必须禀告。国君如果对出境人加以慰劳，出境者要拜谢；当问到出境的情况时，要先拜谢再回答。

14 国君去其国，止之曰："奈何去社稷也[①]？"大夫，曰："奈何去宗庙也？"士，曰："奈何去坟墓也？"国君死社稷，大夫死众，士死制。

注释

①社稷：社，土神。稷，谷神。

古时国君都祭祀社稷，后来就用社稷代表国家。

译文

国君如果要离弃他的国家，臣子应当劝阻他，说："为什么要抛弃社稷呢？"如果大夫要离开自己的国家，对大夫劝阻说："为什么要舍弃宗庙呢？"如果士要离开自己的祖国，对士劝阻说："为什么要抛弃祖宗的坟墓呢？"国君要为捍卫社稷而死，大夫要为民众而死，士要为执行法制政令而死。

15 君天下，曰“天子”。朝诸侯，分职授政任功①，曰“予一人”②。践阼③，临祭祀，内事曰“孝王某”，外事曰“嗣王某”。临诸侯，畛于鬼神④，曰“有天王某甫”⑤。崩，曰“天王崩”⑥。复⑦，曰“天子复矣”。告丧，曰“天王登假”。措之庙，立之主，曰“帝”。天子未除丧，曰“予小子”。生名之，死亦名之⑧。

注释

①分职授政任功：按孙希旦说，职为《周礼》六官（天官、地官、春官、夏官、秋官、冬官）之职责。治，六官所治之事。功，六官所出的成效。

②予一人：这是天子自我谦称及赞礼者之辞。孔颖达疏：“曰‘予一人’者，予，我也。自‘朝诸侯’以下，皆是内事，故不假以威称。但自谓‘予一人’者，言我是人中之一人，与物不殊，故自谦损。”

③践阼：堂前东阶，这里借为帝王嗣位或祭祀时所登治阶。

④畛 zhěn：致意，祝告。

⑤天王某甫：这里的“某”不同于以上的“孝王某”“嗣王某”，而是指天子的字，不是天子的名。甫，男子的美称。

⑥天王崩：天子去世的史书策辞。崩，天子死曰崩。

⑦复：为天子招魂。

⑧“生名之”二句：继位的天子如果在居丧时去世，因为生时称其为“小子王某”，则死后仍称为“小子王某”。

译文

君临天下的人，天下的人称他为天子。在诸侯朝见时，在分六官职责时，在授之以政，任之以功时，天子就自称“予一人”。天子登上王位，身临祭祀，若是宗庙祭祀就称为“孝王某”，若是祭祀天地神祇就称为“嗣王某”。天子巡察诸侯国，致敬与诸侯国内诸神就称“有天王某甫”。天子去世了，书面记载为“天王崩”。为天子招魂，就喊“天子的灵魂回来吧”。为天子发讣告，就说“天子登天而去”。把天子的灵位放置在宗庙，牌位上写着“某帝”。新天子在未除丧期间去世，如果活着的时候称之为“小子王某”。那么死后仍然称他为“小子王某”。

16 天子有后，有夫人，有世妇，有嫔，有妻，有妾。天子建天官①，先六大②，曰大宰、大宗、大史、大祝、大士、大卜③，典司六典。天子之五官，曰司徒、司马、司空、司士、司寇④，典司五众。天子之六府，曰司土、司木、司水、司草、司器、司货⑤，典司六职。天子之六工，曰土工、金工、石工、木工、兽工、草工⑥，典制六材。五官致贡曰“享”。

注释

①天官：即天道之官，包括事鬼神、治历数等。

②大 tài：同“太”。下同。

③大宰：官名，掌协助天子治理邦国。

大宗：辅助天子掌管宗庙宗室之事及宗庙祭祀之事。

大史：主管历象岁时之官。大祝：主掌祈祷、礼仪之官。

大士：掌管接引鬼神之官。大卜：主掌卜筮之官。

④司徒：总管地方民众之官。司马：主管军事兵政之官。

司空：掌管工程的长官。司士：掌管百官朝位之官。司寇：总管刑罚之官。

⑤司土：掌管土地政令及赋税之官。司木：掌管山林材木之官。司水：掌管江河湖海之官。司草：掌管园林花草之官。司器：负责保管器物之官。司货：负责保管钱财之官。

⑥土工：从事制造陶瓦之工匠。金工：从事金属加工制作之工匠。石工：从事雕琢玉器制品之工匠。木工：木匠。兽工：制皮革之工匠。草工：从事编织品制作之工匠。

译文

天子的配偶有几种等级：有后，有世妇，有嫔，有妻，有妾。天子设立天官，就先设立六种事鬼神、奉天时的官员，即太宰、太宗、太史、太祝、太士、太卜，他们分别掌管六种典礼制度。天子又设立掌管全国政事的五官，即司徒、司马、司空、司士、司寇，他们各自统辖五个方面的官员和民众。天子又设立掌管府库的六府，即司土、司木、司水、司草、司器、司货，他们分别掌管六类物资财货。天子又设立用来服务的工匠，即土工、金工、石工、木工、兽工、草工，他们各自用自己所长的原料制造器用。五官把一年的成绩呈报给天子，这叫“享”。

17 五官之长曰“伯”①，是职方②。其摈于天子也，曰“天子之吏”。天子同姓，谓之“伯父”；异姓，谓之“伯舅”。自称于诸侯，曰“天子之老”；于外，曰“公”；于其国，曰“君”。

注释

①伯：领导一方的长官。

②职方：主管一个地区。职，主管。

译文

五官之长叫作“伯”。伯是主管一个地区的大官。他们进见天子时，负责接宾传话的官员要称他们为“天子之吏”。主管一方的伯如果和天子同姓，天子就称他们为“伯父”。如果和天子不同姓，天子就称他们为“伯舅”。而伯对天下诸侯则自称为“天子之老”。在他们的封国之外，伯就自称为“公”。在他们的封国之内就自称为“君”。

18 九州之长①，入天子之国，曰“牧”。天子同姓，谓之“叔父”；异姓，谓之“叔舅”。于外，曰“侯”；于其国，曰“君”。

注释

①九州：《周礼·夏官·职方氏》曰：“东南曰扬州，正南曰荆州，河南曰豫州，正东曰青州，河东曰兖州，正西曰雍州，东北曰幽州，河内曰冀州，正北曰并州。”

译文

九州诸侯的首领，进入天子的畿内，负责接宾传话的官员要称他们为“牧”。他们如果和天子同姓，天子就称之为“叔父”。如果和天子异姓，天子就称之为“叔舅”。这种诸侯首领在国外就自称为“侯”。在国内，就自称为“君”。

19 其在东夷、北狄、西戎、南蛮，虽大曰“子”。于内，自称曰“不穀”①；于外，自称曰“王老”。

注释

①不穀：国君谦辞，即不善。穀，善。

译文

处在东夷、北狄、西戎、南蛮的诸侯，如果朝见天子，即使地域广大，负责接宾传话的官员也要称他们为“子”。他们在国内就自称为“不穀”。在国外，就自称为“王老”。

20 庶方小侯①，入天子之国，曰“某人”。于外，曰“子”。自称曰“孤”。

注释

①庶方小侯：指蛮夷地区的小诸侯。

译文

蛮夷地区的小诸侯，他们在进入天子的畿内，要自称为“某人”。他们在国境之外就自称为“子”。在自己国内，就自称为“孤”。

21 天子当依而立[①]，诸侯北面而见天子，曰“觐”[②]。天子当宁而立[③]，诸公东面，诸侯西面，曰“朝”。

注释

①依：屏风。郑玄注曰：“依，如今屏风也，有绣斧文，所以示威也。”所以又叫“斧依”。

②觐：诸侯朝见天子。

③宁 zhù：殿门和屏风之间。

译文

天子接见诸侯，天子背靠屏风面向南站立着，诸侯面向北而拜见天子，这就叫作“觐”。天子站在殿门和屏风之间，诸公面朝东站在天子西边，诸侯面朝西站立在天子东边，这就叫作“朝”。

22 诸侯未及期相见，曰“遇”；相见于郤地[①]，曰“会”。诸侯使大夫问于诸侯，曰“聘”[②]，约信曰“誓”，莅牲曰“盟”。

注释

①郤地：两国交界处。郤，通“隙”。

②聘：通访，互访。

译文

诸侯在约定的日期前见面，叫作“遇”。约定日期，而相见在两国交界处，叫作“会”。诸侯派遣大夫一级的使臣去访问另一国的诸侯，叫作“聘”。订立条约要彼此信守，这叫作“誓”。书面订立条约，在神灵面前举行杀牛歃血仪式，叫作“盟”。

23 诸侯见天子，曰“臣某侯某”①。其与民言，自称曰“寡人”②。其在凶服③，曰“適子孤”④。临祭祀，内事曰“孝子某侯某”，外事曰“曾孙某侯某”。死曰“薨”⑤，复曰“某甫复矣”。既葬，见天子，曰“类见”⑥。言谥曰“类”。诸侯使人于诸侯，使者自称曰“寡君之老”。

注释

①臣某侯某：诸侯向天子的自称，前一“某”字指诸侯封国国名。侯，诸侯的爵位。后一“某”字指诸侯名字。余类推。

②寡人：寡德之人，自谦之辞。

③凶服：丧服。

④適 dí 子孤：適，通“嫡”。依孔颖达说，此为记文不足，实际应为“適子孤某”。孤，丧父之称。“某”，指嫡子之名。

⑤薨：诸侯死。

⑥类见：古礼名，诸侯死后世子见天子代父受国之礼，因为还没有取得正式诸侯身份，就称为“类见”。孔颖达疏：“此诸侯世子父死，葬毕而见天子礼也。类，象也，言葬后未执玉而执皮帛以象诸侯见，故曰类见。”

译文

诸侯朝见天子，自称曰“臣某侯某”。诸侯和百姓说话，自称为“寡人”。如果在服丧期间对宾客自称为“嫡子孤”。进行祭祀时，如果是祭祀宗庙的列祖列宗，就自称为“孝子某侯某”。如果是祭祀山川社稷，就自称为“曾孙某侯某”。诸侯死，史册上就记作“薨”，招魂时应高喊“某甫回来吧”。葬礼结束后，继位的诸侯在丧期中朝见天子，叫“类见”。向天子为父请谥称为“类”。诸侯派使者出使于诸侯，使者就自称为“寡君之老”。

24 天子穆穆[①]，诸侯皇皇[②]，大夫济济[③]，士跄跄[④]，庶人僬僬[⑤]。

注释

①穆穆：深远貌。②皇皇：盛大貌。③济济：庄敬貌。④跄跄 qiāng：舒畅自得貌。⑤僬僬 jiāo：急促貌。

译文

天子的举止神态要庄严深沉，诸侯显赫轩昂，大夫端庄稳重，士从容舒展，庶人急促慌张。

25 天子之妃曰“后”，诸侯曰“夫人”，大夫曰“孺人”，士曰“妇人”，庶人曰“妻”。公侯有夫人，有世妇，有妻，有妾。夫人自称于天子，曰“老妇”；自称于诸侯，曰“寡小君”;自称于其君,曰“小童”[①]。自世妇以下,自称曰“婢子”。子于父母[②],则自名也。列国之大夫,入天子之国,曰“某士”;自称曰“陪臣某”。于外曰“子”,于其国曰“寡君之老”。使者,自称曰“某”。

注释

①小童:谦称,表示自己无知。

②子:据郑玄注,此“子”包括儿子和女儿。

译文

天子的配偶叫“后”,诸侯的配偶叫“夫人”,大夫的配偶叫“孺人”,士的配偶叫“妇人”,庶人的配偶叫“妻子”。公侯有妇人,有世妇,还有妻和妾。公侯的夫人在天子面前自称“老妇”;在别国诸侯面前自称“寡小君”;对本国国君就自称“小童”。自世妇以下对国君就自称“婢子”。儿子和女儿在父母面前要自称名。各诸侯大夫进入天子畿内被称为“某国之士”;自称为“陪臣某”。卿出使他国,异国尊敬他,就在他姓后加个“子”来称呼他。他的随员跟别人说话时,就称他为“寡君之老”。出使他国的使者在和别人说话时都自称名。

26 天子不言出[①],诸侯不生名,君子不亲恶。诸侯失地,名;灭同姓,名。为人臣人礼,不显谏。三谏而不听,则逃之。子之事亲也,三谏而不听,则号泣而随之。君有疾,饮药,臣先尝之。亲有疾,饮药,子先尝之。医不三世,不服其药。

注释

①天子不言出：史书记载天子的活动不能用“出”而只能书“居”，因为天子天下为家。但如果君主犯有罪恶，那君子不留情面，就用“出”或直书其名表示批评。

译文

天子君临天下，即使出奔，史书也不能用“出”字记载。史书记载诸侯生前的活动，不可直呼其名，但是君子不亲附恶人恶事，对于作恶的天子，会不留情面秉笔直书。诸侯如果失去了国土，史书就直呼其名。诸侯如果灭掉同姓之国，史书就直呼其名。做臣子的礼节是：不要公开批评国君的错误。如果多次规劝国君而不听，臣子就可以离开他。做儿子的侍奉父母，父母有了过失，再三规劝而不听，那么就该随之而哭泣，动之以情。国君有病，吃药之前，臣子要先尝。父母有病吃药，子女要先尝。不是三代相传的世家医生，不服用他的药。

27 儗人必于其伦[①]。问天子之年，对曰：“闻之，始服衣若干尺矣。”问国君之年，长，曰：“能从宗庙社稷之事矣。”幼，曰：“未能从宗庙社稷之事也。”问大夫之子，长，曰：“能御矣[②]。”幼，曰：“未能御也。”问士之子，长，曰：“能典谒矣[③]。”幼，曰：“未能典谒也。”问庶人之子，长，曰：“能负薪矣。”幼，曰：“未能负薪也。”问国君之富，数地以对，山泽之所出。问大夫之富，曰：“有宰食力，祭器衣服不假。”问士之富，以车数对。问庶人之富，数畜以对。

注释

①儗 nǐ：比拟。伦：类，相似。

②御：驾车。

③典谒：上传下达。

译文

拿人做比拟的时候，要注意他们的身份地位应该相类似。如果有人打听天子的年龄，应该说："听说开始穿几尺的衣服了。"如果有人打听国君的年龄，如果国君年长，就回答说："能进行宗庙祭祀了。"如果国君年幼，就回答说："还不能主持宗庙祭祀。"如果有人打听大夫的儿子的年龄，如果年长，就回答说："能驾驭马车了。"如果年幼，就回答说："还不能驾驭马车。"如果有人询问士的儿子的年龄，年长，就回答说："能传话待客了。"年幼，就回答说："不能传话待客。"如果有人询问庶人儿子的年龄，年长，就回答说："能背负薪柴了。"年幼，就回答说："还不能背负薪柴。"若有人问国君的财富，可先回答国土的总面积，再回答山泽的出产。若有人询问大夫的财富，可以先回答："有采地若干，采地的百姓缴纳的赋税若干，祭器祭服都不用向人借。"若有人询问士的财富，就要回答车的数量。如果有人询问庶人的财富，就要回答家畜的数量。

28 天子祭天地，祭四方，祭山川，祭五祀[①]，岁遍。诸侯方祀[②]，祭山川，祭五祀，岁遍。大夫祭五祀，岁遍。士祭其先。凡祭：有其废之，莫敢举也[③]；有其举之，莫敢废也。非其所祭而祭之，名曰淫祀[④]。淫祀无福。天子以牺牛，诸侯以肥牛，大夫以索牛，士以羊、豕。支子不祭[⑤]，祭必告于宗子。

注释

①“天子祭天地”四句：祭天，指冬至日于南郊祭天。祭地，指夏至日于北郊祭地。祭四方，指祭四方的五岳、四渎、四镇之神。祭山川，指祭岳、渎以外的小山川。祭五祀，指孟春祀户，孟夏祭灶，季夏祭中雷，孟秋祭门，孟冬祭行。

②方祀：祭祀所在地方之神。

③举：按礼法应当祭。

④淫祀：过分、泛滥的祭祀。

⑤支子：庶出之子，即除嫡长子以外的诸子和妾子。

译文

天子祭天神、地神，祭四方之神，祭山川之神，祭户神、灶神、中雷神，门神，行神，一年祭一遍。诸侯祭祀其所在地方之神，祭山川之神，祭户神、灶神、中雷神，门神，行神，一年祭一遍。大夫祭户神、灶神、中雷神，门神，行神，一年祭一遍。士人只祭其祖先。大凡祭祀：有的神早已废止，就不敢恢复祭祀；有的神一直受前代祭祀，就不敢擅自废止。不应当祭祀的却去祭祀，叫作“淫祀”。滥行祭祀时得不到神的赐福的。天子祭祀的时，要用毛色纯正的牛，诸侯用经过特别喂养三个月的牛，士人用羊或猪。庶子不主持祭祀，如果有特殊情况需要主持祭祀，也得先向嫡长子禀告。

29 凡祭宗庙之礼，牛曰“一元大武”①，豕曰“刚鬣”②，豚曰“腯肥”③，羊曰“柔毛”，鸡曰“翰音”④，犬曰“羹献”⑤，雉曰“疏趾”⑥，兔曰“明视”；脯曰“尹祭”⑦，槁鱼曰“商祭”⑧，鲜鱼曰“脡祭”⑨；水曰“清涤”，酒曰“清酌”；黍曰“芗合”⑩，粱曰“芗萁”⑪，稷曰“明粢”⑫，稻曰“嘉蔬”⑬；韭曰“丰本”，盐曰“咸鹾”⑭；玉曰“嘉玉”，币曰“量币”。

注释

①一元大武：一头健壮的肥牛。元，头。武，足迹。

②刚鬣 liè：猪鬃刚健，即猪肥大。鬣，某些哺乳动物颈上生长的又长又密的毛。

③腯 tú 肥：肥美。腯，肥也。

④翰音：鸡肥则鸣声长。翰，长。

⑤羹献：人将吃剩的饭菜喂给狗，狗食后变肥，可以献祭于神。

⑥疏趾：雉肥则趾足粗疏。

⑦尹祭：把肉切割方正而祭。尹，正也。

⑧槁：又作“稾”。商祭：以干鱼祭祀要酌量干鱼的干湿程度。商，估量。

⑨脡 tǐng 祭：鲜鱼煮熟则变直。脡，直也。

⑩芗 xiāng 合：黍味香而黏。芗，通“香”。

⑪芗萁：粱味香而茎大。

⑫明粢 zī：饱满洁白。孔颖达疏：“稷，粟也。明，白也。”

⑬嘉蔬：上好的蔬菜。嘉，美也。

⑭咸鹾 cuó：即盐。鹾，郑注：“大咸曰鹾。”

译文

凡祭祀宗庙的礼物，它们的称呼如下：牛称为“一元大武”；猪称为“刚鬣”；小猪称为“腯肥”；羊称为“柔毛”；鸡称为“翰音”；犬称为“羹献”；雉称为“疏趾”；兔称为“明视”；干肉称为“尹祭”；干鱼称为“商祭”；鲜鱼称为“脡祭”；水称为“清涤”；酒称为“清酌”；黍称为“芗合”；粱称为“芗萁”；稷称为“明粢”；稻称为“嘉蔬”；韭称为“丰本”；盐称为“咸鹾”；玉称为“嘉玉”；币称为“量币”。

30 天子死曰“崩”①，诸侯曰“薨”②，大夫曰“卒”，士曰“不禄”，庶人曰“死”。在床曰“尸”，在棺曰“柩”。羽鸟曰“降”，四足曰“渍”。死寇曰“兵”③。祭王父曰“皇祖考”④，王母曰“皇祖妣”，父曰“皇考”，母曰“皇妣”，夫曰“皇辟”。生曰“父”，曰“母”，曰“妻”；死曰“考”，曰“妣”，曰“嫔”⑤。寿考曰“卒”，短折曰“不禄”。

注释

①崩：自上颠坠，如山之崩。

②薨：颠坠之声。

③死寇曰兵：在外面打仗而被兵寇所杀的人称为“兵”。

④皇：赞美之辞。

⑤嫔：此处特指已死妇人。

译文

天子死称“崩”，诸侯死称“薨”，大夫死称“卒”，士死称“不禄”，庶人死称“死”。死人停放在床上称“尸”。已在棺内，称“柩”。飞鸟死称“降”，四足之兽死称“渍”。在外打仗而死称“兵”。祭祀祖父称“皇祖考”，祭祀祖母称“皇祖妣”，祭祀父亲称“皇考”，祭祀母亲称“皇妣”，祭祀丈夫称“皇辟”。在世时，父称“父”，母称“母”，妻称“妻”。死后，父称“考”，母称“妣”，妻称“嫔”。长寿而老死称“卒”，短命儿夭折称“不禄”。

31 天子视不上于袷[①]，不下于带。国君绥视[②]，大夫衡视，士视五步。凡视，上于面则敖[③]，下于带则忧，倾则奸[④]。

注释

①袷 jié：古代交叠于胸前的衣领。

②绥视：视线高于领低于面部。

郑玄注：“绥，读为妥。妥视，谓视上于袷。”

③敖：通“傲”。傲慢。

④倾：斜眼看。

译文

面对天子，视线上不要及其交领，下不要低于其腰带。面对国君，视线要在其面部以下，交领之上，面对大夫，要平视他的脸部，面对士，可以旁视士的左右五步。大凡看人，如果视线高于其面部就显得傲慢，低于其腰带就显得自己忧心忡忡，倾斜不正就显得奸恶。

32 君命，大夫与士肄[①]。在官言官，在府言府[②]，在库言库，在朝言朝。朝言不及犬马。辍朝而顾[③]，不有异事，必有异虑。故辍朝而顾，君子谓之固。在朝言礼，问礼对以礼。

注释

①肄：研习，包括学习、练习。

②府：存放宝藏财货的地方。

③顾：回头看。

译文

国君有令，欲做某事，大夫和士要马上研习。在存放图书文件的地方，就谈论图书文件。在宝物财货的地方，就谈论宝物财货。在停放车马兵甲的地方，就谈论车马兵甲。在君臣议事的地方就谈论国家政事。在朝廷议事，不要提及犬马。散朝后，忽而回头看，如果不是有其他异常的事情，就是有非分念头。所以，散朝而回头看，君子把这种行为叫作固陋无礼。在朝廷上，一切都讲究礼，问话要有礼，答话也要有礼。

33 大飨不问卜[①]，不饶富。

注释

①大飨：指祭祀五帝的典礼。郑玄注："言大飨者，遍祭五帝也。《曲礼》曰'大飨不问卜'，谓此也。"

译文

祭祀五天地的大飨不用提前占卜确定日期，祭品也不用刻意追求丰饶完备。

34 凡挚[①]，天子鬯[②]，诸侯圭[③]，卿羔，大夫雁，士雉，庶人之挚匹[④]。童子委挚而退[⑤]。野外军中无挚，以缨、拾、矢可也[⑥]。妇人之挚：椇[⑦]、榛、脯脩、枣、栗。

注释

①挚：通"贽"。古代拜访时相赠的礼物。

②鬯 chàng：古代祭祀用的酒，用郁金草酿黑黍而成。

③圭：古代帝王或诸侯在举行典礼时拿的一种玉器。

④匹：家养鸭。古称鹜，郑注："说者以匹为鹜。"

⑤童子委挚而退：童子见先生或访亲友，不能和成人相授受，所以把礼物放在地上而自行避退。

⑥缨：装饰马的缨穗。拾：射箭人穿在左臂上的皮制护袖。

⑦椇 jǔ：枳椇的果实，干燥，熟时肉质红棕色，味甜，可食，亦可酿酒，也称"拐枣"。

译文

大凡见面所送的礼物：天子用鬯酒，诸侯用圭玉，卿用羔羊，大夫用雁，士用雉鸟，庶人用鸭子。童子放下礼品酒自行退避。在野外军中，没有正式的礼物，用马缨、射箭时的皮制护袖、箭也是可以当做礼物的。妇女见面的礼物是：椇、榛子、干肉、枣、栗子。

35 纳女[①]，于天子，曰“备百姓”；于国君，曰“备酒浆”；于大夫，曰“备扫洒”。

注释

①纳女：犹致女，即女方派人送女儿到婿家。

译文

送女儿到天子处做妃嫔，女方的使者要谦称是让她来“备百姓”。送到国君处，要谦称说让她来“备酒浆”。送到大夫处，要谦称说让她来“备扫洒”。

王 制

题解

郑玄云:“名曰‘王制’者，以其记先王班爵、授禄、祭祀、养老之法度。”所谓王制，就是三代（夏、商、周）的国家政策制度，其中以周朝的制度为主。具体内容包括先王班爵、禄田、任官、巡狩、朝聘、丧祭、教学、养老、国用、丧祭、职方，本篇可以说是一个完整的施政大纲。

1 王者之制禄爵：公、侯、伯、子、男，凡五等。诸侯之上大夫卿、下大夫、上士、中士、下士，凡五等。

译文

君主为臣下制定俸禄爵位，分为公、侯、伯、子、男，共五等。诸侯为其臣下制定爵位，有上大夫卿、下大夫、上士、中士、下士，也是五等。

2 天子之田方千里，公、侯田方百里，伯七十里，子、男五十里。不能五十里者，不合于天子[①]，附于诸侯，曰“附庸”。天子之三公之田视公、侯[②]，天子之卿视伯，天子之大夫视子、男，天子之元士视附庸。

注释

①不合：不朝会。

②三公：天子的三位最高官员，即太师、太傅、太保。或说为司马、司徒、司空。

译文

天子的田地有一千里见方，公、侯的有百里见方，伯有七十里见方，子、男有五十里见方。不足五十里见方的诸侯，不朝会天子，而附属于较大诸侯国的，叫作“附庸”。天子的三公禄田数量比照公侯，天子的卿的禄田比照伯，天子的大夫的禄田比照子男，天子的上士的禄田比照附庸。

3 制：农田百亩。百亩之分，上农夫食九人[①]，其次食八人，其次食七人，其次食六人，下农夫食五人。庶人在官者，其禄以是为差也。诸侯之下士视上农夫，禄足以代其耕也。中士倍下士，上士倍中士，下大夫倍上士，卿四大夫禄，君十卿禄。次国之卿三大夫禄，君十卿禄。小国之卿倍大夫禄，君十卿禄。次国之上卿，位当大国之中，中当其下，下当其上大夫。小国之上卿，位当大国之下卿，中当其上大夫，下当其下大夫。其有中士、下士者，数各居其上之三分。

注释

①食 sì：供养，养活。

译文

分配俸禄的制度规定：每个农户受田百亩。百亩之田按其土质肥瘠分为五等，第一等的百亩之田一个农夫可以养活九口之家，第二等的可以养活八口之家，第三等的可以养活七口之家，第四等的可以养活六口之家，最末等的可以养活五口之家。平民在官府当差，他们的俸禄也是依次为等差的。诸侯的下士的俸禄比照受第一等田的农夫，使他们的俸禄足以能养活九口之家。中士的俸禄是下士的两倍，上士是中士的两倍，下大夫是上士的两倍。大国诸侯的卿的俸禄是大夫的四倍，国君的俸禄是卿的十倍。中等诸侯国的上卿的俸禄是大夫的三倍，国君的俸禄是卿的十倍。小国诸侯的卿的俸禄是大夫的两倍，国君的俸禄是卿的十倍。中等诸侯国的上卿，其爵位相当于大国的中卿，其中卿相当于大国的下卿，其下卿相当于大国的上大夫。小国的上卿，其爵位相当于大国的下卿，中卿相当于大国的上大夫，下卿相当于大国的下大夫。

4 凡四海之内九州，州方千里，州建百里之国三十，七十里之国六十，五十里之国百有二十，凡二百一十国。名山大泽不以封①，其余以为附庸间田②。八州，州二百一十国。天子之县内，方百里之国九，七十里之国二十有一，五十里之国六十有三，凡九十三国。名山大泽不以朌③。其余以禄士，以为间田。凡九州，千七百七十三国，天子之元士、诸侯之附庸，不与。

注释

①名山大泽不以封：孙希旦云："名山大泽不以封，一则恐其专财利而不与民同，一则恐其据险阻而易于负固也。"

②间 xián 田：备用的封赏的田地。

③盼 bān：通"颁"。颁与封的区别是，封给的土地可以世袭，颁给的土地只能用，不能世袭。

译文

四海之内有九州，每个州都是千里见方。每州之内分封百里见方的诸侯国三十个，七十里见方的诸侯国六十个，五十里见方的诸侯国一百二十个。各州的名山大泽用来分封。分封后剩余的土地有的作为附庸，有的留待赏赐之用。这是畿外的八州，每州有二百一十个诸侯国。还有一州。是天子直辖的王畿，百里见方的国家有九个，七十里见方的国家有二十一个，五十里见方的国家有六十三个，总计九十三国。在这九十三国之内，名山大泽也不分封。分封剩余的土地，有的用作士的禄田，有的留待赏赐之用的。总计，天下九州共有一千七百七十三个国家，而天子的元士、诸侯的附庸尚未计算在内。

5 天子百里之内以共官[①]，千里之内以为御。千里之外设方伯，五国以为属，属有长；十国以为连，连有帅；三十国以为卒，卒有正；二百一十国以为州，州有伯。八州，八伯，五十六正，百六十八帅，三百三十六长。八伯各以其属属于天子之老二人[②]，分天下以为左右，曰“二伯”。千里之内曰“甸”，千里之外曰“采”、曰“流”[③]。

注释

①共 gōng：同“供”。供给。

②天子之老：指上公。

据《周礼》郑玄注，是特指天子之三公中有德者。

③流：指九州之外的少数民族地区。

译文

天子畿内，距离王城百里之地的赋税用于王朝官员办公开销，距离王城五百里之地的赋税用于王宫内的各种开销。王畿之外每州设一长官，称为方伯。一州之内，五个诸侯国为一属，设属长一人；十个诸侯国为一连，设连帅一人；三十个诸侯国为一卒，设卒正一人。二百一十个诸侯国为一州，设方伯一人。畿外八州，有八个方伯，五十六个卒正，一百六十个八个连帅，三百六十个属长。这八个方伯各自统领部属服从于天子之老二人。天子之老二人，将天下分为左右两部分，由二老掌管，称为二伯。王畿千里以内的地区称为甸,有交租的义务。千里以外的八州称为采，有进贡的义务。九州以外的地区称为流，是否进贡不确定。

6天子三公、九卿、二十七大夫、八十一元士。大国三卿，皆命于天子；下大夫五人，上士二十七人。次国三卿，二卿命于天子，一卿命于其君；下大夫五人，上士二十七人。小国二卿，皆命于其君；下大夫五人，上士二十七人。

译文

天子的属官有三公、九卿、二十七大夫、八十一元士。大诸侯国的官属，有三卿，都由天子直接任命，另设下大夫五人，上士二十七人。中等诸侯国的官属，有三卿，其中两个是由天子任命的，一个由国君任命的，下大夫五人，上士二十七人。小诸侯国的官属也有三卿，其中一个是天子直接任命的，两个是国君任命的，下大夫五人，上士二十七人。

7天子使其大夫为三监，监于方伯之国，国三人。天子之县内诸侯，禄也；外诸侯，嗣也。制：三公一命卷①，若有加，则赐也，不过九命②。次国之君不过七命，小国之君不过五命，大国之卿不过三命，下卿再命，小国之卿与下大夫一命。

注释

①三公一命卷 gǔn：三公八命，再加一命九命就可穿绘有衮龙的礼服。命，天子擢升臣下的册命。命数越多，爵位越高，礼服上的图案也越多。卷，通“衮”。指衮服。

衮服是上公的礼服，上面有图案。

②不过九命：不能超过九命。因为超过九命将与天子同等。

译文

天子派所属大夫担任三监，代表天子去监察各方伯之国，每一国派三个大夫去。王畿内分配给公卿的土地，那是禄田，活着的时候享用，死去归还。王畿外分封给诸侯的土地，是可以世袭的。命服的规定：天子的三公已经八命，再加一命就成九命，就可以穿衮衣。如果再增加，只能叫作赐，因为人臣不能超过九命。中等诸侯国的国君至多七名，其礼服七章；小国之君最多五命，其礼服五章；大国之卿至多三命，其礼服三章；下卿二命，其礼服二章；小国之卿与下大夫都是一命，其礼服一章。

8 凡官民材，必先论之①。论辨，然后使之。任事，然后爵之。位定，然后禄之。爵人于朝，与士共之。刑人于市，与众弃之。是故公家不畜刑人，大夫弗养，士遇之途弗与言也。屏之四方，唯其所之，不及以政，亦弗故生也②。

注释

①论之：考核其德行才艺。

②亦弗故生也：王念孙认为“故”是“欲”字之误。

译文

凡是从平民中有才能的人做官，一定要先考核其才能德行，考核清楚了，然后派任工作，如果胜任所任工作，然后授予一定的爵位。爵位确定了，然后授予一定的俸禄。授人爵位要在朝廷上，让众官员共同参与，以示大公无私。在市集上处决犯人，让众人都抛弃他，以示大快人心。所以国君不录用受过刑罚的人，大夫也不收留这种人，士在路上遇到这种人不跟他们说话。把他们流放到四方边远地区，随他们任意流浪，不让他们参与政事，就是不想让他们生存。

9 诸侯之于天子也，比年一小聘[①]，三年一大聘[②]，五年一朝。

注释

①小聘：诸侯派遣大夫朝见天子。

②大聘：诸侯派遣卿朝见天子。

译文

诸侯对于天子，每年派大夫聘问一次，每三年要派卿去聘问一次，每五年诸侯亲自朝见一次。

10 天子五年一巡守。岁二月东巡守，至于岱宗[①]，柴而望祀山川[②]。觐诸侯，问百年者就见之。命大师陈诗，以观民风。命市纳贾[③]，以观民之所好恶、志淫好辟，命典礼考时月，定日，同律、礼、乐、制度、衣服，正之。山川神祇有不举者为不敬，不敬者君削以地。宗庙有不顺者为不孝，不孝者君绌以爵[④]。变礼易乐者为不从，不从者君流，革制度衣服者为畔⑤，畔者君讨。有功德于民者，加地进律。五月南巡守，至于南岳，如东巡守之礼。八月西巡守，至于西岳，如南巡守之礼。十有一月北巡守，至于北岳，如西巡守之礼。归，假于祖祢⑥，用特⑦。

注释

①岱宗：东岳泰山。

②柴：烧柴祭天。望祀山川：遥望山川的方向祭拜。

③贾：同“价”。指物价。

④绌 chù：通“黜”。降级。

⑤畔：通“叛”。

⑥假 gé：至也。

⑦特：牛。

译文

天子每隔五年到全国各地巡视一次。到了应该巡视的那一年的二月，先巡视东方，到东岳泰山举行柴祭上天之礼，并遥祭当地的大山大川。接见东方各国诸侯，慰问当地百岁的老人。命掌管音乐的太师进陈采集的诗歌民谣，以了解当地的风俗民情。命掌管市场买卖的官员汇报各种物价，以了解民众的好恶，如果民心不正他们就会喜好邪僻之物。命掌管礼俗的官员考正四时、月份，排定日历，统一法律、礼仪、乐律、制度、衣服，发现有不符合原则的加以纠正。对当地的山川神祇有不祭祀的就是不敬，有不敬者，国君要消减其封地。对宗庙祭祀有不按照顺序进行者，就是不孝，有不孝者，国君要降其爵位。擅自改变礼乐制度就是不服从天子，有不服从者，国君要被流放。任意改变制度、衣服就是背叛天子，有背叛天子者，国君要受到讨伐。对民众有功德的国君，要增加封地晋升爵位。当年的五月到南方巡视到达南岳衡山，其种种礼节，和巡视东方的礼节一样。八月到西方巡视，到达西岳华山，其种种礼节，和巡视南方的礼节一样。十一月到北方巡视，到达北岳恒山，其种种礼节，和巡视西方的礼节一样。全国巡视完毕，回到京畿，要到祖庙和父庙举行祭告，每庙各用一牛为牲。

11 天子将出，类乎上帝，宜乎社，造乎祢。诸侯将出，宜乎社，造乎祢。

译文

天子将外出巡守，要先告祭于天，告祭于地，告祭于宗庙。诸侯外出巡守，告祭于地，告祭于宗庙。

12 天子无事，与诸侯相见曰朝。考礼、正刑、一德，以尊于天子。天子赐诸侯乐，则以柷将之①；赐伯、子、男乐，则以鼗将之②。诸侯，赐弓矢然后征；赐铁钺③，然后杀；赐圭瓒然后为鬯④；未赐圭瓒，则资鬯于天子。

注释

①柷 zhù：古代一种木制的打击乐器形如方形木斗，用木槌击打发声。将：传达。据郑玄注，指送人礼物。古代以多种礼物送人，不可能都亲授，选择其中一件当做代表。

②鼗 táo：长柄的摇鼓，貌似今天的拨浪鼓，摇鼗是乐曲终

止的信号。

③赐铁钺 fū yuè：古时天子以铁钺赐予诸侯或大臣，授以征伐之权。铁，斧头。钺，形状像斧，比斧大。

④圭瓒 zào：一种盛酒的容器。鬯 chàng：古代祭祀用的酒，用郁金草酿黑黍而成。

译文

天子在平常的情况下与诸侯相见称为朝。朝会时，考订礼仪，修正刑法，统一道德规范，这样都是为了使各诸侯都尊崇天子。天子赏赐公、侯乐器，以柷为代表物；赏赐伯、子、男乐器，以鼗作为代表。诸侯被天子赐予弓矢之后，才有代表天子征伐的权力；被天子赐予铁钺之后，才有代表天子行使诛杀的权力；被天子赏赐圭瓒之后，才有自行酿造鬯酒的权力。未获得赏赐圭瓒的，由天子赐给鬯酒。

13 天子命之教，然后为学。小学在公宫南之左，大学在郊。天子曰辟雍①，诸侯曰頖宫②。

注释

①辟雍：周天子为世子及贵族子弟设立的太学。

②頖 pàn 官：周代诸侯设立的大学。

译文

天子下令诸侯开办教育，然后诸侯设立学校。小学设在国君宫廷的东南，太学设在国都郊区。天子所设的太学称为辟雍，诸侯所设立的太学称为頖宫。

14 天子将出征，类乎上帝，宜乎社，造乎祢，祃于所征之地[①];受命于祖，受成于学。出征执有罪，反，释奠于学[②]，以讯馘告[③]。

注释

①祃 mà：古代行军在军队驻扎的地方举行的祭礼。

②释奠：古代在学校设置酒食以奠祭先圣先师的一种典礼。

③讯馘 guó：讯：指俘虏。馘：指杀死的敌人。

译文

天子出征前，要先告祭上界天帝，告祭大地，告祭宗庙诸，并在开战的地方举行祃祭。出征之前，在祖庙接受征伐敌人的命令，在太学里接受事先做好的战斗计划。出兵征伐，擒获那些有罪者，班师回朝，在太学设奠祭祀先师先圣，禀告所获俘虏及杀死敌军的数量。

15 天子、诸侯无事，则岁三田：一为乾豆，二为宾客，三为充君之庖。无事而不田曰“不敬”[①]。田不以礼曰“暴天物”。天子不合围，诸侯不掩群。天子杀则下大绥[②]，诸侯杀则下小绥[③]，大夫杀则止佐车，佐车止则百姓田猎。獭祭鱼[④]，然后虞人入泽梁[⑤]。豺祭兽，然后田猎。鸠化为鹰[⑥]，然后设罻罗[⑦]。草木零落，然后入山林。昆虫未蛰，不以火田。不麛[⑧]，不卵，不杀胎，不殀夭[⑨]，不覆巢。

注释

①“无事”句：据郑注，没有大事而不以时节田猎，则会简略祭祀、慢待宾客，所以说“不敬”。

②大绥：天子田猎时的指挥旗。

③小绥：诸侯田猎时的指挥旗。

④獭 tǎ 祭鱼：正月解冻后，水獭开始捕食鱼类，古人以此指代正月。

⑤虞人：掌管山林湖泽之官。

⑥鸠化为鹰：《月令》二月有“鹰化为鸠”的记载，但没有“鸠化为鹰”的记载。

⑦罻 wèi 罗：捕鸟的网。

⑧麛 mí：幼鹿，泛指幼兽。

⑨殀 yǎo：断杀。夭：幼小的野兽。

译文

天子、诸侯在没有战争和凶丧的情况下，每年狩猎三次，其目的在于：第一是为了准备祭祀的供品，第二是为了招待宾客，第三是为了充实天子、诸侯的膳食品种。在没有战争和凶丧的情况下却不狩猎，就是不敬。狩猎时不守规矩，随意猎杀，就是戕害上天所生之物。为了避免物种灭绝，天子狩猎不应四面合围，诸侯狩猎不应杀尽成群的野兽。捕获到野兽之后，天子要放下指挥的大旗，诸侯要放下指挥的小旗。大夫捕获到野兽之后，就停下助猎的佐车，佐车停下后民众就可以开始狩猎。正月以后，虞人才能进入湖泽并设梁捕鱼。秋冬之交，才能狩猎。八月以后，才能设网捕鸟。到了十月，才能进入山林砍伐。昆虫尚未冬眠蛰居时，不能纵火焚草肥田。

不捕捉幼兽，不取鸟卵，不杀怀胎的母兽，不杀小兽，不捣毁鸟巢。

16 冢宰制国用，必于岁之杪[①]。五谷皆入，然后制国用。用地小大，视年之丰耗。以三十年之通制国用，量入以为出。祭用数之仂[②]。丧三年不祭，唯祭天地社稷，为越绋而行事[③]。丧用三年之仂，丧祭，用不足曰“暴”，有余曰“浩”。祭，丰年不奢，凶年不俭。国无九年之蓄，曰“不足”；无六年之蓄，曰“急”；无三年之蓄，曰“国非其国也”。三年耕，必有一年之食。九年耕，必有三年之食。以三十年之通，虽有凶旱水溢，民无菜色[④]，然后天子食，日举以乐。

注释

①杪 miǎo：末尾。②仂 lè：十分之一。

③越绋而行事：指不受丧事的限制。

④菜色：郑玄注：“菜色，食菜之色。民无食菜之饥色。”

译文

家宰编制下一年年度国家经费的预算，必定在年末进行。因为在五谷入库之后才能编制预算。编制预算，要考虑国土的大小，年成的好坏，用三十年收入的平均数作为依据来编制预算，根据收入的多少来决定如何开支。祭祀的费用，占年收入的十分之一。遇到父母之丧，尽管在服丧三年内不祭宗庙，但天地社稷之神却照祭不误，因为天地社稷之神比父母更要尊贵。丧事的开支，用三年收入的平均数的十分之一。丧事和祭祀的开支，超过了预算就叫作“暴”，决算有剩余就叫作浩。祭祀的开支，丰年不能铺张浪费，荒年不能节约从简。一个国家如果没有九年的储备就叫作储备不足，如果没有六年的储备就叫作储备危急，如果没有三年的就能说国家不能成为国家了。耕耘三年，一定要有一年的余粮。耕耘九年，一定要有三年的余粮。以三十年收入的平均数来编制预算，即使遭遇到水旱凶荒的年成，民众也不至于挨饿，然后，天子的膳食才会丰富，并且吃饭时可以奏乐。

17 天子七日而殡，七月而葬。诸侯五日而殡，五月而葬。大夫、士、庶人三日而殡，三月而葬。三年之丧，自天子达。庶人县封①，葬不为雨止，不封不树，丧不贰事②。自天子达于庶人，丧从死者，祭从生者；支子不祭。

注释

①县 xuán 封：指直接悬绳下棺而不立碑。县，同“悬”。封，郑注以为当作“窆”，将棺木放入圹穴。

②丧不贰事：庶人可以专心一意地在家守孝三年，不做他事。

译文

天子去世后七天停棺正寝堂西，第七个月举行葬礼。诸侯去世后五天听棺正寝堂西，第五个月举行葬礼。大夫、士、庶民死后三天停棺正寝西，第三个月举行葬礼。为父母须守孝三年，上至天子下至庶民均不例外。庶民下葬，只能用悬绳下棺入穴，即便下雨也不停止，墓圹上不堆土，也不种树。服丧期间不得做其他事情，从天子到平民都适用这一规定。丧事的规格依据死者的爵位来确定。不是嫡长子不能主持祭祀。

18 天子七庙：三昭三穆①，与大祖之庙而七②。诸侯五庙：二昭二穆，与大祖之庙而五。大夫三庙：一昭一穆，与大祖与庙而三。士一庙。庶人祭于寝。

注释

①三昭三穆：指父、祖、曾祖、高祖、高祖之父、高祖之祖的宗庙排列次序。

②大祖：即太祖，指始封之祖。

译文

天子设立七庙：三座昭庙，三座穆庙，加上太祖庙共七庙。诸侯设立五庙：两座昭庙，两座穆庙，加上太祖庙共五庙。大夫设立三庙：一座昭庙，一座穆庙，加上太祖庙共三庙。士设立一庙。庶人不设庙，就在住所中祭祀祖先。

19 天子、诸侯宗庙之祭，春曰“礿”①，夏曰“禘”，秋曰“尝”，冬曰“烝”。天子祭天地，诸侯祭社稷，大夫祭五祀②，天子祭天下名山大川：五岳视三公③，四渎视诸侯④。诸侯祭名山大川之在其地者。天子、诸侯祭因国之在其地而无主后者。天子犆礿、祫禘、祫尝、祫烝[5]。诸侯礿则不禘，禘则不尝，尝则不烝，烝则不礿。诸侯礿犆，禘，一犆一祫，尝祫，烝祫。

注释

①礿 yuè：据郑玄注，礿、禘、尝、烝为夏殷的祭名，周代改为春曰祠，夏曰礿。

②五祀：指祭户、灶、中霤、门、行五种神。

③五岳视三公：祭祀五岳比照宴享三公时的九献之礼及牲牢礼器之数。

④四渎：《尔雅》："江、河、淮、济为四渎。"

⑤犆 tè：通"特"。个别的，单独的。

与下文的"祫"相对。

译文

天子、诸侯的宗庙之祭，在春季举行的叫"礿"，在夏季举行的叫"禘"，在秋季举行的叫"尝"，在冬季举行的叫"蒸"。天子祭祀天地，诸侯祭祀社稷，大夫祭祀五祀。天子祭祀天下的名山大川：祭祀五岳，比照宴享三公的九献之礼；祭祀四渎，比照宴享诸侯的七献之礼。诸侯祭祀在其境内的名山大川。天子、诸侯还应当祭祀其境内没有后嗣的故国之主。天子的四时之祭，春祭是对群庙进行祭祀，下祭、秋祭、冬祭都是合祭。诸侯的四时之祭一年之中只能进行三次，春祭则夏不祭，夏祭则秋不祭，秋祭则冬不祭，冬祭则春不祭。诸侯的春祭是分祭，夏祭则是一年分祭一年合祭地轮换着进行，秋祭和冬祭都是合祭。

20 天子社稷皆大牢[①]，诸侯社稷皆少牢[②]。大夫、士宗庙之祭，有田则祭，无田则荐。庶人春荐韭，夏荐麦，秋荐黍，冬荐稻；韭以卵，麦以鱼，黍以豚，稻以雁[③]。祭天地之牛角茧栗，宗庙之牛角握，宾客之牛角尺。诸侯无故不杀牛[④]，大夫无故不杀羊，士无故不杀犬豕，庶人无故不食珍。庶羞不逾牲。燕衣不逾祭服。寝不逾庙。

注释

①大 tài 牢：牛、羊、豕三牲具备曰大牢。

②少牢：有羊、豕二牲叫少牢。

③雁：鹅。

④故：祭祀和招待宾客。

译文

天子祭灶神、谷神都用牛、羊、豕三牲，诸侯祭灶神、谷神都用羊、豕二牲。大夫和士的宗庙之祭，有禄田的用祭礼，没有禄田的用荐礼。庶民祭祀祖先之礼是：春天荐韭菜，夏天荐麦子，秋天荐黍子，冬天荐稻子；韭菜配以鸡蛋，麦子配以鱼，黍子配以小猪，稻子配以鹅。祭祀天地用的牛较小，牛角像蚕茧、栗子大小；祭祀宗庙用的牛稍大，牛角大约四指长；招待宾客用的牛较大，牛角有一尺多长。诸侯没有特别的原因不可杀牛，大夫没有特别的原因不可杀羊，士没有特别的原因不可杀狗与猪，庶民没有特别的原因不吃精美的食物。日常吃的菜肴，再好也不能超过祭祀的牲牢；平时穿的衣服，再好也不能超过祭祀时的礼服；居住的屋子，再好不能超过宗庙。

21 古者公田藉而不税[①]，市廛而不税[②]，关讥而不征[③]，林麓川泽以时入而不禁。夫圭田无征。用民之力，岁不过三日。田里不粥[④]，墓地不请。

注释

①藉而不税：指以劳役充地租。

②廛 chán 而不税：租用公家店铺做买卖，只收房租，不另外征收货物税。

③讥：稽查。④粥 yù：通“鬻”。卖。

译文

在古代，农户帮助耕种公田，私田就不再纳税；商人租用公家的店铺，就不再征收货物税；各大小关口，只稽查是否违禁，并不征收关税；在法定的时间里进入山林川泽采伐渔猎，就不加禁止。耕种供奉祭祀的田不征税。公家征用民众服役，一年不超过三天。公家分配给民众的田地和宅地不准买卖，丧葬都用公家规划的墓地，不准另外再要。

22 司空执度度地[①]，居民，山川沮泽，时四时，量地远近，兴事任力。凡使民，任老者之事，食壮者之食。凡居民材，必因天地寒暖燥湿，广谷大川异制，民生其间者异俗：刚柔、轻重、迟速异齐。五味异和，器械异制，衣服异宜。修其教，不易其俗；齐其政，不易其宜。

注释

①执度 dù 度 duó 地：用工具测量地。

上一“度”指测量土地的工具，下一“度”字是动词测量。

译文

司空负责用工具测量土地，安置民众，考察山川沼泽的不同地势，测定四季气候的变化，测量土地的远近，然后才征用民力大兴土木。凡征用民力，要像给老年人分配任务那样，伙食标准要按照年轻劳力对待。凡安置民众，必须考虑是民众的生活习惯和当地的气候地势相适应。出身深山和出身河边的人外表不同，他们的风俗习惯也不同：有的性情急躁，有的性情平和，酸甜苦辛咸，各有所爱，使用的工具不同，所穿衣服各异。政府应当加强对他们进行礼义方面的教育，而不必改变原有的风俗；应当统一政令，不必改变其原有的习惯。

23 中国戎夷五方之民，皆有性也，不可推移。东方曰“夷”，被发文身[①]，有不火食者矣。南方曰“蛮”，雕题交趾[②]，有不火食者矣。西方曰“戎”，被发衣皮。有不粒食者矣。北方曰“狄”，衣羽毛穴居，有不粒食者矣[③]。中国、夷、蛮、戎、狄，皆有安居、和味、宜服、利用、备器。五方之民，言语不通，嗜欲不同。达其志，通其欲，东方曰“寄”[④]，南方曰“象”，西方曰“狄鞮”，北方曰“译”。

注释

①被：披。

②雕题：在额头上刺青。交趾：两足足趾向内相交。

③有不粒食者矣：不吃粮食，只吃禽兽之肉。

④寄：与下面“象”“狄鞮”“译”是四方各地对于翻译的称呼。

译文

由中原民族和四方少数民族组成的五方民族，各有不同的生活习性，不能勉强改变。东方的民族为夷，披头散发，身上绘者花纹，其中有不吃熟食的人。南方的民族为蛮，额头刺着花纹，走路时两脚的脚趾相向，其中也有不吃熟食的人。西方的民族为戎，披头散发穿着兽皮的衣服，有的不吃五谷杂粮而吃禽兽的肉。北方的民族为狄，以禽兽的羽毛为衣，住在洞穴里，也有不吃五谷杂粮而吃禽兽肉的人。中原、东夷、南蛮、西戎、北狄这五方之民，尽管生活习性不同，但各自有自己认为舒适的住所、可口的味道、合适的衣服、便利的工具、完备的器具。五方的民众，虽然语言不通，嗜好与需求也不相同。为了传达思想情感，了解彼此的需求，有人负责沟通翻译工作。这种人，在东方叫寄。在南方叫象，在西方叫狄鞮，在北方叫译。

24 凡居民，量地以制邑，度地以居民，地邑民居，必参相得也。无旷土，无游民，食节事时，民咸安其居，乐事劝功，尊君亲上，然后兴学。

译文

凡安置民众，要根据土地的广狭来确定城邑的大小规模，要根据土地的宽窄来确定民众的多少，土地广狭、城邑大小、安置民众的多少，这三者要相互配合得当。这样就不会有荒废的土地，没有失业的民众，饮食有所节俭，各项工作都按部就班地进行，民众都安居乐业，乐观向上，尊敬国君、孝敬长辈，然后可以兴办学校。

25 司徒修六礼以节民性[①]，明七教以兴民德，齐八政以防淫，一道德以同俗，养耆老以致孝，恤孤独以逮不足，上贤以崇德，简不肖以绌恶[②]。命乡简不帅教者以告。耆老皆朝于庠[③]。元日，习射上功，习乡上齿，大司徒帅国之俊士与执事焉。不变，命国之右乡简不帅教者移之左，命国之左乡简不帅教者移之右，如初礼。不变，移之郊[④]，如初礼。不变，移之遂[⑤]，如初礼。不变，屏之远方，终身不齿。命乡论秀士，升之司徒，曰选士；司徒论选士之秀者而升之学，曰俊士。升于司徒者不征于乡，升于学者不征于司徒，曰造士。

注释

①六礼：与下文的“七教”“八政”，见本篇最后一节。

②绌：通“黜”。摈弃。

③耆老：郑玄注：“耆老，乡中致仕之卿大夫也。”

④郊：郑玄注：“郊，乡界之外者也，稍出远之。”

⑤遂：郊以外的行政区划。

译文

司徒职掌修习六礼以节制人民的性情，阐明七教以提高民众的道德，整齐八政以防止淫邪放纵，统一道德规范以形成共同的社会风俗，赡养老人以促进孝道，抚恤孤独以引导民众救贫扶困，尊重贤人以示崇尚道德，检举坏人以示去除邪恶。司徒命令将各乡不服从教管的人上报。选定一个吉日，把乡里德高望重的老人请到乡学，演习乡射礼，射中者为上，演习乡饮酒礼，年长者为上；大司徒带领国学的学生参与演习礼仪之事。这样那些不服从管教的人还不改变，就命令右乡的长官挑出不服管教的人，将他们迁到左乡，命令左乡的长官挑出不服管教的人，将他们迁到右乡，在异乡，像之前演习各种礼仪以教化他们。要是再不改变，就把他们迁到远郊的遂，也像前演习各种礼仪以教化他们。要是依旧不变，就把他们驱逐到远方，永不录用。司徒命令六乡的长官考评乡学中德才兼备的学生，并把他们推荐给太司徒，被推荐者被称为选士。司徒亲自考核选士中的佼佼者，并把他们推荐给大学，这样的佼佼者被称为俊士。获得选士荣誉的就免服乡里的徭役，获得俊士荣誉的就免服国家的徭役，统称为造士。

26 乐正崇四术[①]，立四教，顺先王《诗》《书》《礼》《乐》以造士。春秋教以《礼》《乐》，冬夏教以《诗》《书》。王大子、王子、群后之大子，卿大夫、元士之適子[②]，国之俊选，皆造焉。凡入学以齿。将出学[③]，小胥、大胥、小乐正简不帅教者，以告于大乐正，大乐正以告于王。王命三公、九卿、大夫、元士皆入学。不变，王亲视学。

不变，王三日不举，屏之远方，西方曰棘，东方曰寄。终身不齿。大乐正论造士之秀者以告于王，而升诸司马，曰进士。

注释

①四术：指下文《诗》《书》《礼》《乐》四门课程。

②適：通“嫡”。

③出学：郑玄注：“谓九年大成，学止也。”

译文

乐正特别重视《诗》《书》《礼》《乐》四门课程，设立四类教程，遵循先王传下来的《诗》《书》《礼》《乐》以培养人才。春、秋两季教授《礼》《乐》，冬、夏两季教授《诗》《书》。王太子、王子，诸侯各国的太子、卿大夫及元士的嫡子，国中的俊士选士，都被送到大学学习。入学以后，依据年龄长幼安排入学，不论尊卑。即将学成时，小胥、大胥、小乐正要挑选出不服从管教的学生上报大乐正，大乐正上报天子。天子命令三公、九卿、大夫、元士齐聚太学，演习各种礼仪以感化不服从管教者。这样还不能改变，天子就亲自到校视察。这样还不能改变，天子三天用膳时不奏乐，然后将屡教不改者流放到远方，到西方的称为棘，到东方的称为寄，永不录用。大乐正考核学有所成的造士，选拔佼佼者上报天子，并推荐给司马，称为进士。

27 司马辨论官材，论进士之贤者以告于王，而定其论。论定然后官之，任官然后爵之，位定然后禄之。

大夫废其事，终身不仕，死以士礼葬之。有发，则命大司徒教士以车甲。

译文

司马考察评定这些进士的为官能力，选出其中的佼佼者上报给天子，由天子做出最后的裁定。天子论定后就派任官职，出任官职后再授以爵位，爵位确定后再发给俸禄。大夫如果荒废政事，终身不再委任，死后也只能以士的礼仪安葬。国家有战事要征发兵卒时，就命大司徒对士子加以军事训练。

28 凡执技，论力，适四方，裸股肱，决射御。凡执技以事上者，祝、史、射、御、医、卜及百工。凡执技以事上者，不贰事，不移官，出乡不与士齿。仕于家者，出乡不与士齿。

译文

凡靠技艺谋生的人，考察他们的能力，派遣他们到各地，裸露臂腿，比赛射箭、驾车，以决定人选。凡靠技艺为官府服务的人，有祝、史、射、御、医、卜及百工，这些人不能从事其他职业，不能改行，离开本乡不能与士排序并列。在大夫家里服务的人，离开本乡后，也是如此。

29 司寇正刑明辟[①]，以听狱讼。必三刺[②]。有旨无简，不听。附从轻，赦从重。凡制五刑，必即天论，邮罚丽于事[③]。凡听五刑之讼，必原父子之亲、立君臣之义以权之，意论轻重之序、慎测浅深之量以别之，悉其聪明、致其忠爱以尽之。疑狱，汜与众共之。众疑，赦之。必察小大之比以成之。成狱辞，史以狱成告于正，正听之。正以狱成告于大司寇，大司寇听之棘木之下[④]。大司寇以狱之成告于王，王命三公参听之。三公以狱之成告于王，王三又[⑤]，然后制刑。凡作刑罚，轻无赦。刑者侀也，侀者成也，一成而不可变，故君子尽心焉。

注释

①司寇：《周礼》六卿之一，主掌刑罚狱讼。

②三刺：三度讯问调查，以弄清罪案，明断是非。据《周礼》，三刺分别是：一讯群臣，二讯群吏，三讯万民。

③邮：据郑玄注，捲罪指断人罪过。丽：附。

④棘木：指天子外朝左右有九棵棘木，用以标示众朝臣之位。

⑤三又：即“三宥”。又，通“宥”。赦免。据《周礼》，有三种杀人罪可以得到赦免：一是由于认错人而误杀者，二是由于过失而杀人者，三是由于遗忘而杀人者。

译文

司寇负责审定刑法，明断罪法，以审理案件。审理时要向群臣、群吏、民众三个方面征求意见。有犯罪动机而无犯罪事实，这样的案子不予受理。量刑时，可轻可重者，则从轻；赦免时，虽重罪也予以赦免。凡终审要处五刑的，一定要合乎天理，是刑罚与罪行相当。凡审理处五刑的诉讼，一定从父子之亲、君臣之义的角度加以考虑；依据犯罪情节仔细思量刑罚的轻重，量刑的深浅，案件之间的差异；要充分发挥自己的聪明才智，发扬忠恕仁爱之心，使案情真相大白。遇到疑而难决的案件，就应该广泛听取民众的意见。如果民众也感到疑而难决，那应该宣布当事人无罪。处理同类的案件，一定要比照以前判决过的案件，再形成判决。判决书拟好之后，文书官把判决书上报给正。正审核之后，再将判决书上报给大司寇。大司寇与卿大夫等人陪审下再审理一遍，然后把判决书上报天子。天子又命令三公共同审理一遍，然后三公把判决书上报天子。天子再审核一下案件是否适用于三宥，如果不适用，然后定刑。到了最后定刑的时候，罪再轻也不会得到赦免。这是因为，所谓刑，就是定型的意思。所谓定型，就是形成的意思。判决一经形成就不可改变，所以君子对审理案件是尽心尽责的。

30 析言破律[①]，乱名改作，执左道以乱政，杀。作淫声、异服、奇技、奇器以疑众，杀。行伪而坚、言伪而辩、学非而博、顺非而泽以疑众[②]，杀。假于鬼神、时日、卜筮以疑众，杀。此四诛者，不以听。凡执禁以齐众，不赦过。

注释

①析言破律：指巧言玩弄辞藻以曲解法律。

②顺：通“训”。辞也。

译文

凡诡辩巧言、玩弄辞藻以曲解法律，擅自改变事物名称、变易制度，用歪门邪道扰乱政令的人，杀。制作淫邪的音乐、奇装异服、怪诞的技术、奇异的器物以蛊惑民众者，杀。行为诈伪而貌似坚贞，言语虚伪而巧言如簧，学非正道而貌似广博，道理怪谬而讲得冠冕堂皇。以此来迷惑民众者，杀。假托鬼神、时日吉凶、卜筮等以迷惑民众者，杀。这四种该杀者，都不必再审理。凡是推行禁令，就是命令民众一律遵守，即使过失犯禁，也不赦免。

31 有圭璧金璋①，不粥于市。命服命车，不粥于市。宗庙之器，不粥于市。牺牲，不粥于市。戎器，不粥于市，用器不中度，不粥于市。兵车不中度，不粥于市。布帛精粗不中数，幅广狭不中量，不粥于市。奸色乱正色②，不粥于市。锦文珠玉成器，不粥于市。衣服饮食，不粥于市。五谷不时，果实未熟，不粥于市。木不中伐，不粥于市。禽兽鱼鳖不中杀，不粥于市，关执禁以讥，禁异服，识异言。

注释

①金璋：王引之在《经义述闻·礼记上》中认为当作“琮璋”。

②奸色：即间色。古代以青、赤、白、黑、黄为正色，其他为间色。

译文

圭璧琮璋这些珍贵的玉器，不准在市场买卖。显示身份的命服命车，不准在市场上出售。用于祭祀的牲畜，不准在市场上出售。军器，不准在市场出售。日常所用的器具不合规格，不准在市场上出售。兵车不合规格，不准在市场上出售。布帛的经纬精粗不合规格的，门幅宽窄不合尺寸，不准在市场上出售。将布帛染以间色而与正色相乱的，不准在市场上出售。用锦纹、珠玉制成的器物，不准在市场上出售。日常衣服饮食，不准在市场上出售。果实尚未成熟，不准在市场上出售。未成材的林木，不准在市场出售。禽兽鱼鳖尚未长大，不准在市场上出售。各关卡上执行禁令的人要严格稽查，禁止奇装异服，辨识各地的方言。

32 大史典礼，执简记，奉讳恶[①]。天子齐戒受谏。

注释

①讳：先王之名。恶：先王的忌日。

译文

太史掌管礼仪，手持简册文书，这些文书中记有先王的名讳、忌日以及各种天灾人祸，太史也负责将这些情况奏报天子。天子要斋戒然后接受太史的劝告。

33 司会以岁之成质于天子。冢宰齐戒受质[①]。大乐正、大司寇、市三官以其成从质于天子[②]。大司徒、大司马、大司空齐戒受质。百官各以其成质于三官。大司徒、大司马、大司空以百官之成质于天子。百官齐戒受质，然后休老劳农，成岁事，制国用。

注释

①冢宰齐戒受质：郑玄注："赞王受之。"

②市：管理市场的官员。

译文

司会将年终的业绩总结呈报天子考核，冢宰斋戒接受天子考核。大乐正、大司寇、司市三个官员将其各自的业绩总结附于司会之后也呈报天子考核。大司徒、大司马、大司空斋戒后接受考核。百官将各自的业绩呈报大司徒、大司马、大司空考核。大司徒、大司马、大司空把百官的业绩呈报天子考核，然后百官斋戒，聆听天子的评语。然后，使老年人休养，犒劳农夫，完成本年应该办的事，即可制定下一年的预算了。

34 凡养老[①]，有虞氏以燕礼，夏后氏以飨礼，殷人以食礼。周人修而兼用之，五十养于乡，六十养于国，七十养于学，达于诸侯。

注释

①养老：指养老礼，古代以养老之礼倡导尊老、敬老。

译文

凡养老之礼各朝皆不同，有虞氏举行燕礼，夏后氏举行飨礼，殷人举行食礼，周人三礼兼而用之。对五十岁以上的老人，在乡中举行养老礼；对六十岁以上的老人在国都举行养老礼；对七十岁以上的老人在太学举行养老礼。诸侯国也是如此。

35 八十拜君命，一坐再至①，瞽亦如之。九十使人受。五十异粻②，六十宿肉，七十贰膳③，八十常珍。九十饮食不离寝，膳饮从于游可也。六十岁制，七十时制，八十月制，九十日修。唯绞、紟、衾、冒④，死而后制。五十始衰，六十非肉不饱，七十非帛不暖，八十非人不暖，九十虽得人不暖矣。五十杖于家，六十杖于乡，七十杖于国，八十杖于朝。九十者，天子欲有问焉，则就其室，以珍从。七十不俟朝，八十月告存，九十日有秩。五十不从力政，六十不与服戎，七十不与宾客之事，八十齐丧之事弗及也。五十而爵，六十不亲学，七十致政，唯衰麻为丧。

注释

①一坐再至：跪下去连叩两次头。

②粻 zhāng：粮食。

③贰膳：副膳。

④绞：包束尸体敛衣的布带。紟 jīn：单被。衾：被子。冒：包裹尸体的最外层布套。

译文

人到八十岁时，拜谢君王赏赐，可以一跪二叩首就行了，盲人也是如此。九十岁的老人可以找人代为接受君王赏赐。关于用餐，五十岁以上的老人可以享用较精美的粮食；六十岁以上的老人可以隔天吃一次肉；七十岁以上的老人除了吃肉之外，还可佐以另一种佳肴；八十岁以上的老人可以时常吃珍美的食物；九十岁以上的老人寝室食物充足，出游则饮食随时供给。关于制作丧葬用品，六十岁的老人要每年准备，七十岁的老人要每个季节准备，八十岁的老人要每月准备，九十岁的老人每天都要准备；只有绞、紟、衾、冒，死后才置办的。人到五十岁就开始衰老，六十岁以后不吃肉就吃不饱，七十岁以后不穿丝帛衣物就不暖和，八十岁以后没有人暖被就感到睡不暖和，九十岁以后虽有暖被也睡不暖和了。五十岁以后可在家拄杖，六十岁以后可在乡拄杖，七十岁以后可在国都中拄杖，八十岁以后可拄杖上朝，九十岁以后，天子若有事询问，就派人到家里请教，还要带上好吃的食物。大夫到了七十岁可以不在朝廷侍候，八十岁以后，天子每月派人来问候安康，九十岁以后，天子要每天派人送食物来。庶民到了五十岁就可以服劳役，六十岁以后就不服兵役，七十岁以后不再参与应酬宾客的活动，八十岁以后，可以不参与祭祀及丧礼。五十岁封爵，六十岁不亲自到学校学习，七十岁就告老致仕，遇到丧事只要穿上孝服就行，其他礼数就免了。

36 有虞氏养国老于上庠[①]，养庶老于下庠[②]，夏后氏养国老于东序，养庶老于西序。殷人养国老于右学，养庶老于左学。周人养国老于东胶，养庶老于虞庠，虞庠在国之西郊。

注释

①上庠：有虞氏的大学。

②下庠：有虞氏的小学。

译文

有虞氏在上庠设宴款待国老，在下庠设宴款待庶老。夏后氏在东序设宴款待国老，在西序设宴款待庶老。殷人在右学设宴款待国老，在左学设宴款待庶老。周人在东胶设宴款待国老，在虞庠设宴款待庶老，虞庠在王城的西郊。

37 有虞氏皇而祭，深衣而养老，夏后氏收而祭，燕衣而养老。殷人冔而祭[①],缟衣而养老。周人冕而祭，玄衣而养老。凡三王养老皆引年。八十者，一子不从政[②]。九十者，其家不从政。废疾非人不养者，一人不从政。父母之丧，三年不从政。齐衰、大功之丧，三月不从政。将徙于诸侯,三月不从政。自诸侯来徙家，期不从政。

注释

①冔 xǔ：殷人的祭冠。

②政：通“征”。徭役的征召。

译文

有虞氏的时代，人们在祭祀时戴皇冠，在养老时穿深衣。夏代，人们在祭祀时戴收冠，在养老时穿燕衣。殷人在祭祀时戴冔冠，在养老时穿缟衣。周人在祭祀时戴冕，在养老时穿玄衣。夏、殷、周三代的天子举行养老宴会，都依据户籍来核定与会老人的年龄。家有八十岁以上老人的，可有一人豁免徭役之征。家有九十岁以上老人的，全家豁免徭役之征。家有残疾人、病人必须有人伺候的，也可豁免一人的徭役。

父母去世，在三年守丧间不服徭役。服齐衰、大功之丧的，可三个月不服徭役。即将迁居到诸侯领地的家庭，临行前三个月免服徭役。从诸侯国迁来定居的，一年免服徭役。

38 少而无父者谓之“孤”，老而无子者谓之“独”，老而无妻者谓之“矜”[①]，老而无夫者谓之“寡”。此四者，天民之穷而无告者也，皆有常饩[②]。瘖、聋、跛、躃、断者、侏儒、百工，各以其器食之。

注释

①矜 guān：同“鳏”。

②饩 xì：粮食。

译文

年幼失去父亲的人叫作“孤”，年老失去儿子的人叫作“独”，年老失去妻子的人叫作“矜”，年老失去丈夫的人叫作“寡”。这四种人，是天下最可怜而又求告无门的人，国家要定期供应粮食。哑巴、聋子、瘸子、两足俱废者、肢体残缺者、躯体矮小者及各种手艺人，这些人都以各自的技能做力所能及的事并由国家养活。

39 道路，男子由右，妇人由左，车从中央。父之齿随行，兄之齿雁行，朋友不相逾。轻任并，重任分。班白不提挈[①]。君子耆老不徒行。庶人耆老不徒食。大夫祭器不假。祭器未成，不造燕器。

注释

①班：通“斑”。

译文

在道路上，男子靠右走，妇女靠左走，车辆从中间行驶。与父亲年龄相当的人同行，应跟随在他后面；与兄长年龄相当的人同行，应该如雁行一样并行而稍后；与朋友同行，不超越抢先。两个各有担负的人同行，如果担负都轻，就都由年轻者挑担；若两人负担都重，则稍重的由年轻者挑担；头发斑白的老人不提着东西走路。年老的士大夫不徒步走路，年老的庶民吃饭要有肉。大夫应自备祭器而不向别人借用。祭器没有备齐之前，不制造生活用器。

40 方一里者，为田九百亩。方十里者，为方一里者百，为田九万亩。方百里者，为方十里者百，为田九十亿亩[①]。方千里者，为方百里者百，为田九万亿亩。自恒山至于南河，千里而近。自南河至于江，千里而近。自江至于衡山，千里而遥。自东河至于东海，千里而遥。自东河至于西河，千里而近。自西河至于流沙，千里而遥，西不尽流沙，南不尽衡山，东不尽东海，北尽不恒山，凡四海之骨，断长补短，方三千里，为田八十万亿一万亿亩。方百里者，为田九十亿亩。山陵、林麓、川泽、沟渎、城郭、宫室、途巷，三分去一，其余六十亿亩。

注释

①亿：相当于汉代的十万。

译文

一里见方的土地，折合为田是九百亩。十里见方的土地，有一百个一里见方，折合为田地是九万亩。百里见方的土地，有一百个十里见方，折合为田地为九亿亩。从恒山到南边的黄河，这一段距离不足千里。再从此段黄河到南边的长江，这一段也不足千里。从长江往南到衡山，这段距离千里有余。从东河往西河，这段距离不足千里。从西河再西到沙漠，这段距离千里有余。沙漠并不是西边的尽头，衡山并不是南边的尽头，东海并不是东边的尽头，恒山并不是北边的尽头，这样，四海之内，取长补短，大约就是千里见方，折合成田地是八十一亿亩。百里见方的土地，折合成田地应该是九百亩，但其中有山脉、森林、河流湖泊、沟渠水道、城郭、宫室、道路，要占三分之一，因此剩下的农田只有六百亩。

41 古者以周尺八尺为步①，今以周尺六尺四寸为步②。古者百亩，当今东田百四十六亩三十步。古者百里，当今百二十一里六十步四尺二寸二分。

注释

①古者：指周代以前。

②今：指汉时。下同。

译文

古时候是以周尺的八尺为一步，现在是以周尺的六尺四寸为一步。古时候的一百亩，相当于现在的一百四十六亩零三十步。古时候的一百里，相当于现在的一百二十一里零六十步四尺二寸二分。

42 方千里者，为方百里者百。封方百里者三十国，其余方百里者七十。又封方七十里者六十，为方百里者二十九，方十里者四十。其余方百里者四十，方十里者六十。又封方五十里者百二十，为方百里有三十。其余方百里者十，方十里者六十。名山大泽不以封。其余以为附庸闲田。诸侯之有功者，取于闲田以禄之。其有削地者，归之闲田。

译文

所谓千里见方者，包括一百个百里见方的区域。如果分封出三十个百里见方的诸侯国，就剩下七十个百里见方的区域。再分封出六十个七十里见方的诸侯国，折合为二十九个百里见方和四十个十里见方，剩下四十个百里见方和六十个十里见方的区域。又分封出一百二十个五十里见方的诸侯国，折合为三十个百里见方的区域，还剩下十个百里见方和六十个十里见方的区域。名山大川不用作封地。剩下的土地，有的作为大诸侯国的附庸，有的作为闲田。诸侯立功，就从闲田中划出土地作为封赏；诸侯有罪，其被削割的土地则作为闲田。

43 天子之县内方千里者，为方百里者百。封方百里者九，其余方百里者九十一。又封方七十里者二十一，为方百里者十，方十里者二十九。其余方百里者八十，方十里者七十一。又封方五十里者六十三，为方百里者十五，方十里者七十五，其余方百里者六十四，方十里者九十六。

译文

天子的王畿方千里者，即包括有一百个百里见方。如果分封出九个百里见方的诸侯国，就剩下九十一个百里见方的土地。如果分封出二十一个七十里见方的诸侯国，折合为十个百里见方和二十九个十里见方，就剩下八十个百里见方和七十一个十里见方的土地。如果又分封出六十三个五里见方的诸侯国，折合为十五个百里见方和七十五个十里见方，剩下六十四个百里见方和九十个十里见方的土地。

44 诸侯之下士禄食九人，中士食十八人，上士食三十六人，下大夫食七十二人，卿食二百八十八人，君食二千八百八十人。次国之卿食二百一十六人，君食二千一百六十人。小国之卿食百四十四人，君食千四百四十人。次国之卿，命于其君者，如小国之卿，天子之大夫为三监，监于诸侯之国者，其禄视诸侯之卿，其爵视次国之君，其禄取之于方伯之地。方伯为朝天子。皆有汤沐之邑于天子之县内①，视元士。诸侯世子世国，大夫不世爵，使以德，爵以功。未赐爵，视天子之元士，以君其国。诸侯之大夫，不世爵禄。

注释

①汤沐之邑：指供诸侯斋戒沐浴之地。

译文

诸侯的下士，其俸禄可以养活九个人，中士的俸禄可以养活十八个人，上士的俸禄能养活三十六个人，下大夫的俸禄能养活七十二个人，卿的俸禄能养活二百八十个人，国君的俸禄能养活二千八百八十人。中等诸侯国的卿，其俸禄能养活二百一十六人，国君的俸禄能养活二千一百六十人。小诸侯国的卿，其俸禄可养活一百四十四人，国军的俸禄可养活一千四百四十人。中等诸侯国的卿，如果是由国君任命的，其所得俸禄相当于小国诸侯的由天子任命的卿。天子的大夫被派到诸侯国做监察的，其俸禄相当于诸侯国之卿，其爵位相当于中等诸侯国的国君，俸禄从方伯那里领取。方伯为了朝见天子，在王畿内有专供其斋戒沐浴的土地。汤沐邑的大小与天子上士的禄田一样。诸侯的太子可以继承君位，大夫的儿子则不能世袭爵位，因为大夫的儿子未必都贤能，有德行才能委以职务，有功劳才能赐以爵位。诸侯的儿子在天子未赐爵位之前，其身份等同于天子的上士，以这种身份治理他的国家。至于诸侯的大夫，其爵位与俸禄都不能世袭。

45 六礼：冠、昏、丧、祭、乡、相见。七教：父子、兄弟、夫妇、君臣、长幼、朋友、宾客。八政：饮食、衣服、事为、异别、度、量、数、制。

译文

六礼：是指冠礼、婚礼、丧礼、祭礼、乡饮酒礼及乡射礼、相见礼。七教：是指父子、兄弟、夫妇、君臣、长幼、朋友、宾客等人伦关系的教育。八政：指饮食的方式，衣服的制度，工艺的标准，器具的种类，长度的规定，容量的单位，计数单位，布帛的宽窄。

礼　运

题解

郑玄云："名曰'礼运'者，以记其五帝三王相变易，阴阳转旋之道。"

本篇详细论及礼的本质，礼之所以产生的根由，以及礼的社会意义，并大力称赞由礼支撑的小康社会。

篇中还描绘了天下为公的"大同"理想社会，反映了先民对天下为公的向往。其中论及"大同社会"一节对中国政治思想史影响深远。

1 昔者仲尼与于蜡宾[①]，事毕，出游于观之上[②]，喟然而叹。仲尼之叹，盖叹鲁也。言偃在侧[③]，曰："君子何叹？"孔子曰："大道之行也，与三代之英[④]，丘未之逮也[⑤]，而有志焉。大道之行也，天下为公，选贤与能[⑥]，讲信修睦。故人不独亲其亲，不独子其子，使老有所终，壮有所用，幼有所长，矜寡孤独废疾者皆有所养。男有分，女有归[⑦]。货，恶其弃于地也，不必藏于己；力，恶其不出于身也，不必为己。是故谋闭而不兴，盗窃乱贼而不作，故外户而不闭。是谓大同。"

注释

①蜡 zhà：周代十二月祭百神的祭典。

②观 guàn：也称“阙”，古代王官门前两侧的高台。

③言偃：孔子弟子，字子游，吴人，善文学。

④三代之英：夏、商、周三代杰出君主，即指下文的禹、汤、文、武、成王、周公等人。

⑤逮：赶上。

⑥与：通“举”。

⑦归：女子出嫁称为归。

译文

从前，孔子曾作为嘉宾参与鲁国蜡祭，祭祀结束后，孔子外出游览，登上高台，不禁感慨而叹。仲尼的感叹，大概是为鲁国而发的。当时言偃在一旁问道：“您为什么叹息呢？”孔子说：“大道实行的时代，和夏商周三代杰出君主在位的时代，我都没能赶得上，而古书记载了当时的情况。大道实行的时代，天下为人民公有。民众推选有德行有才能的人为领导，彼此之间讲求诚信，和睦相处。所以民众不只把自己的亲人当作亲人，不只把自己的子女当作子女，而使老年人可以安度晚年，使壮年可以发挥所能，使幼年人能健康地成长，鳏寡孤独和残疾有病的人，都可以得到社会的照顾。男子都有职业，女子都能适时而嫁。对于财物，民众只是不愿让它任意扔在地上，不是自己想收藏；对于力气，人们生怕不是出于自己身上，尽力却不必只是为自己。因此，阴谋诡计被杜绝了，盗窃、作乱之事不会发生，所以家家户户大门可以不关。这就是大同社会。”

2“今大道既隐，天下为家，各亲其亲，各子其子，货力为己。大人世及以为礼[①]，城郭沟池以为固，礼义以为纪，以正君臣，以笃父子，以睦兄弟，以和夫妇，以设制度，以立田里，以贤勇知。以功为己，故谋用是作，而兵由此起。禹、汤、文、武、成王、周公，由此其选也。此六君子者，未有不谨于礼者也，以著其义，以考其信，著有过，刑仁讲让[②]，示民有常[③]。如有不由此者，在执者去[④]，众以为殃[⑤]。是谓小康。”

注释

①世及：父传子称为世，兄传弟称为及。

②刑：通“型”。典型、法则。

③常：准则。

④执：古“势”字，指执政者。

⑤殃：祸害。

译文

“而今大道已衰微不行，天下为一家所有，民众各自孝敬自己的双亲，各自爱护自己的子女，财物生怕不归自己所有，力气唯恐出于自身。诸侯世袭相承成为礼制。修筑城郭沟池当作防御设施，将礼义作为纲纪，以此规范君臣关系，以加深父子关系，以和睦兄弟关系，以调和夫妻关系，以设立规章制度，以划分天地住宅，以表彰智者与勇士。由于成就功业都是为了自己，因此阴谋诡计便随之而来，战争也由此而发生了。禹、汤、文、武、成王、周公，都是用礼义来治国的英才。这六位君子，没有不谨慎实行礼制的人。用礼表彰正义，考察诚信，明察过失，讲求礼让，向民众昭示一切都是有章可循。如果有不遵行礼义的，当官的要被撤职，民众都把他当作祸害。这就是小康社会。”

3 言偃复问曰：“如此乎礼之急也？”孔子曰：“夫礼，先王以承天之道，以治人之情，故失之者死，得之者生。《诗》曰：‘相鼠有体，人而无礼。人而无礼，胡不遄死！’①是故夫礼，必本于天，殽于地②，列于鬼神，达于丧、祭、射、御、冠、昏、朝、聘。故圣人以礼示之，故天下国家可得而正也。”

注释

①“《诗》曰”四句：见《诗经·鄘风·相鼠》。遄 chuán：迅速。

②殽：通“效”。效法。

译文

言偃又问道：“这样说礼是相当要紧了？”孔子说：“礼，是先王用来承接上天的旨意，以治理人间万象的，所以失去礼的约束就会毁灭，得到了礼就能长存。《诗经》上说：‘你看那老鼠还有形体，做人怎能无礼。如果做人而无礼，还不如赶紧死掉好了。’所以说，礼一定要秉承于天，效法于地，并列于鬼神，而贯彻在丧、祭、射、御、冠、昏、朝、聘的活动中。所以圣人以礼来昭示天下，这样天下才能步入正轨。”

4 言偃复问曰："夫子之极言礼也，可得而闻与？"孔子曰："我欲观夏道，是故之杞[①]，而不足征也，吾得《夏时》焉[②]。我欲观殷道，是故之宋[③]，而不足征也，吾得《坤乾》焉[④]。《坤乾》之义，《夏时》之等，吾以是观之。夫礼之初，始诸饮食，其燔黍捭豚[⑤]，污尊而抔饮[⑥]，蒉桴而土鼓[⑦]，犹若可以致其敬于鬼神。及其死也，升屋而号，告曰：'皋某复！'然后饭腥苴孰[⑧]。故天望而地藏也，体魄则降，知气在上。故死者北首，生者南乡，皆从其初。昔者先王未有宫室，冬则居营窟[⑨]，夏则居橧巢[⑩]；未有火化，食草木之实、鸟兽之肉，饮其血，茹其毛；未有麻丝，衣其羽皮。后圣有作，然后修火之利，范金，合土[⑪]，以为台榭宫室牖户；以炮，以燔，以亨，以炙[⑫]，以为醴酪[⑬]。治其麻丝，以为布帛，以养生送死，以事鬼神上帝，皆从其朔。"

注释

①杞：周代诸侯国名，周武王灭商后封禹后裔于杞。其故城在今河南省杞县一带。

②《夏时》：夏代历书，后人以为即今存《大戴礼记》。

③宋：周公平定管蔡之乱后，封商纣王庶兄微子启于宋，其故城在今韩安商丘县南。

④《坤乾》：一般认为是"商易"，因以坤为始，以坤后为乾，所以称《坤乾》。

⑤燔 fán 黍：指把黍米烧熟。捭 pí 豚：烧烤小猪。捭，通"焷"。

⑥污尊：在地上挖小坑为樽。抔饮：用手捧水而饮。

⑦蒉 kuì 桴：抟制泥块成鼓。土鼓：堆土而作鼓。

⑧饮腥：用生食含在死者口中。饭，即饭含。腥，未煮熟的食物。苴 jū 孰：用芦苇叶子包裹熟食。苴，包也。孰，同“熟”。以上两种都是祭礼的仪式。

⑨营窟：上古时掘地或累土而成的住所。

⑩橧 zēng 巢：用柴草堆积成的巢穴。

⑪范金：用模型铸造金属器皿。合土：和泥烧制砖瓦、陶器。

⑫炮：裹而烧之。亨：通“烹”。煮也。炙：把去毛的兽肉串起来在火上熏烤。

⑬醴酪 lǐlào：酒浆。

译文

言偃又问道：“先生是很强调礼的，是否可以讲给我们听呢？”孔子说：“我很想考察夏代的礼，于是就去了杞国，可是已经不足以考证了，在那里只得到了《夏时》一书。我很想考察殷代的礼，于是就去了宋国，可是已经不足以考证了，在那里得到了《坤乾》一书。我就根据《坤乾》的大意、《夏时》的节次来进行考察。上古礼的产生，是从饮食开始的，那时他们还没有发明陶器，于是就把黍米放在石板上用火烤熟，把小猪放在火上烧烤，在地上挖小坑作为盛酒的酒樽，用手捧着水喝，抟制泥块做成鼓槌，堆土而成鼓，就这样依然能够向鬼神表达敬意。及至人死的时候，亲人就登上屋顶望着天空呼喊：‘啊！某某，你快回来吧！’然后把生食放到死者口中，下葬时又用芦苇叶子包裹熟食送给死者，就这样向着天招魂，在地下埋葬。因为人死了形体降入地里，而灵魂升入天空。所以死的人头是朝北的，活人都朝南居住，这都是依从最初的习俗。在上古先王之世，没有宫室一类的建筑，冬天就住在掘地或累土而成的洞穴里，夏天就住在用柴草堆积成的巢穴里。没有发明火之前，就生吃草木的果实，鸟兽的肉，喝禽兽的血，连毛也吞下。还没有利用麻丝织布，穿的是鸟羽兽皮。后来有圣人出世，才懂得利用火的功效，用模型铸造金属器皿，并烧制砖瓦，用来建造台榭、宫室、窗户。用火来炮、燔、烹、炙各种肉食，酿造酒浆。整理麻丝织成布帛，用来供养活人，料理死者，用来侍奉鬼神上帝。现在人们也是如此，这都是遵从圣人最初的创造。”

5“故玄酒在室①，醴醆在户②，粢醍在堂③，澄酒在下④，陈其牺牲，备其鼎俎⑤，列其琴、瑟、管、磬、钟、鼓，修其祝、嘏⑥，以降上神与其先祖，以正君臣，以笃父子，以睦兄弟，以齐上下，夫妇有所，是谓承天之祜⑦。作其祝号，玄酒以祭，荐其血毛，腥其俎⑧，孰其殽⑨；与其越席，疏布以幂⑩；衣其澣帛；醴醆以献，荐其燔炙⑪。君与夫人交献，以嘉魂魄，是谓合莫⑫。然后退而合亨，体其犬、豕、牛、羊，实其簠、簋、笾、豆、铏、羹⑬，祝以孝告，嘏以慈告，是谓大祥。此礼之大成也。”

注释

①玄酒：水，上古无酒，以水代酒。

②醴醆zhǎn：未经过滤还含有渣滓的酒。

③粢醍zītí：用粟米酿成的浅赤色酒。

陈澔集说：“粢醍，即《周礼》醍齐，酒成而红赤色也。”

④澄酒：澄去糟的酒。

⑤鼎俎：盛放牺牲的铜鼎和铜盘。

俎，供祭祀或宴会时用的四脚方形青铜盘。

⑥祝、嘏 gǔ：这里指两种祝词。祝是代表主人向鬼神致祝祷的文辞。嘏是代表鬼神向主人致福的文辞。

⑦祜：福。

⑧腥其俎：以俎盛放生肉。腥，生肉。

⑨孰其殽：把生肉放入汤中煮至半生不熟。前面讲以俎盛放生肉进献于尸，此处指把肉煮到半熟进献于尸。

⑩幂：此处指覆盖酒樽。

⑪燔炙：烤熟的肉。

⑫合莫：谓祭祀时祭者通过进献祭物与所祭鬼神相感通。孔颖达疏：“莫谓虚无寂寞，言死者精神虚无寂寞，得生者嘉善而神来歆饗，是生者和合於寂寞。”

⑬簠 fǔ：古代祭祀时盛稻粱的器具。

簋 guǐ：古代盛食物器具，圆口，双耳。

笾 biān：古代祭祀和宴会时盛果品等的竹器。

豆：此指古代盛肉或其他食品的器皿，形状像高脚盘。

铏 xíng：古代盛羹的小鼎，两耳三足，有盖。

译文

“因为重视上古的习俗，就把玄酒摆在室内北墙下，醴醆摆放在门旁，粢醍摆在堂上，澄酒摆在堂下，陈列牺牲祭品，备齐鼎俎，排列琴瑟、管磬、钟鼓各种乐器，修订主人祭告神灵的文辞和神灵向主人致福的文辞，用来迎接上神和先祖的降临。通过祭祀的各种礼仪，或规范君臣关系，或加深父子感情，或促进兄弟和睦，或整齐上下关系，或使夫妇各得其所，这样的祭祀叫作承接上天的赐福。将鬼神及祭品拟定各种美称，用玄酒来祭，祝先将牲的血毛献上，又将生肉盛于俎献上，再将半生不熟的肉献上。地上铺上蒲席，用粗布覆盖酒樽。主人主妇身穿祭服，先献上醴醆，又献烤肉。就这样主人和主妇虔诚地交错献酒，使得祖先的神灵愉悦，这样就能子孙的精神和祖先的神灵在冥冥中得以相会。然后才把方才献神的肉撤下来合煮，再区别犬、豕、牛、羊不同的肉类，并把它们放到簠、簋、笾、豆、铏、羹各种容器中，以招待本族的宾客。祝告辞中称孝告，致福辞称慈告，这样就叫作大祥。到此祭礼就圆满完成了。”

6 孔子曰：“呜呼哀哉！我观周道，幽厉伤之①，吾舍鲁何适矣！鲁之郊禘②，非礼也，周公其衰矣！杞之郊也，禹也。宋之郊也，契也。是天子之事守也。故天子祭天地，诸侯祭社稷。”

注释

①幽厉：指周代昏乱之君周幽王与周厉王的并称。

②郊禘 dì：郊，天子祭天之礼。因在冬至祭天于南郊，故称郊。禘，天子在太庙祭祀始祖之礼。

译文

孔子说：“真是悲哀啊！我考察周代的礼制，却发现在经历了幽厉之乱后就破坏了，倘若我舍弃鲁国，还能去哪儿观察到周代的礼制呢！鲁国举行郊祭、禘祭是不合礼仪的，周公的制度也已经衰微了！杞国举行的郊祭，祭的是夏禹。宋国举行的郊祭，祭的是殷契。这都是对天子礼事的保留。所以只有天子才可以祭天地，诸侯可以祭祀社稷。”

7 “祝嘏莫敢易其常古，是谓大假[①]。祝嘏辞说，藏于宗祝巫史，非礼也，是谓幽国[②]。醆斝及尸君[③]，非礼也，是谓僭君。冕弁兵革[④]，藏于私家，非礼也，是谓胁君。大夫具官[⑤]，祭器不假[⑥]，声乐皆具，非礼也，是谓乱国。故仕于公曰臣，仕于家曰仆。三年之丧与新有昏者[⑦]，期不使。以衰裳入朝，与家仆杂居齐齿，非礼也，是谓君与臣同国。故天子有田以处其子孙，诸侯有国以处其子孙，大夫有采以处其子孙，是谓制度。故天子适诸侯，必舍其祖庙，而不以礼籍入[⑧]，是谓天子坏法乱纪。诸侯非问疾吊丧，而入诸臣之家，是谓君臣为谑。是故礼者，君之大柄也，所以别嫌明微、傧鬼神[⑨]、考制度、别仁义，所以治政安君也。故政不正则君位危，君位危则大臣倍、小臣窃。刑肃而俗敝[⑩]，则法无常；法无常而礼无列，礼无列则士不事也。刑肃而俗敝，则民弗归也。是谓疵国。”

注释

①大假：大祥、大福。假，通“嘏”。②幽国：昏暗之国。

③醆斝 jiǎ：醆，夏代天子使用的酒器。斝，殷代天子使用的酒器，圆口，三足。

④冕弁 biàn 兵革：冕，衮冕。弁，皮弁，冕弁是朝廷之尊服。兵革是国家防卫之器，而大夫私家藏之，故云“胁君”。

⑤具官：大夫对其家臣进行分封官职。按礼，只有天子诸侯才能设置百官，而大夫只能设宰一人，统领各项事务。

⑥祭器不假：按礼，凡大夫，无采地封邑者，不得造祭器。有采邑封地者可以造酒器，但不得完备，须假借于他人。此处，大夫之家不需假借酒器，故云“非礼”。

⑦昏：同“婚”。

⑧礼籍：由太史执掌，记载各项礼仪及忌讳的简策。

⑨傧：接引宾客。

⑩ 刑肃：刑法严峻。

译文

“祭告的祝词不敢更改古代的常规，这就叫作大福。祝词嘏说，本来应该藏于宗庙，而今却藏在宗、祝、巫、史等人那里，这是不合礼法的，这就是昏暗之国。醆斝是天子的重器，却被诸侯用来进献代受祭的人是不合礼法的，这样就是僭越君主。冕弁一类的礼服，兵革一类的武备，本为天子所用，而今却藏在大夫家里，这叫作威胁国君。大夫对其家臣进行分封官职，祭器也不用外借于他人，声乐齐备完善，这是不合礼法的，这叫作混乱国家。所以在国君处任职叫作臣，在大夫家里任职叫仆。臣仆如果遭遇父母之丧或者刚结过婚，一年之内不对他们派遣差事。在居丧期间，大臣如果身穿孝服上朝，或者是和家仆混在一块，没上没下，这是不合礼法的，这就是君臣共有国家。所以，天子有田地安置他的子孙。诸侯有国安置自己的子孙，大夫有采地安置自己的子孙，这就是制度。所以天子到诸侯国那儿，一定住在诸侯的祖庙里。但如果不依诸侯国礼籍的记载而进入，那就是天子违法乱纪。诸侯如果不是因为问疾吊丧而进入诸臣家里，那就是君臣间的相互戏谑。所以说，礼是国君的一个有力权柄，是用来区别嫌疑、辨明微末、敬事鬼神、规定制度、分别仁义，进而达到治理国家、维护君权的目的。所以国政不正规，君主的地位就很危险，君主地位危险，大臣就会背叛，小臣就会窃权。严刑峻法而风气败坏，那么必然导致民心不向归。这样的国家就是病患国家。”

8“故政者君之所以藏身也，是故夫政必本于天，殽以降命。命降于社之谓殽地，降于祖庙之谓仁义，降于山川之谓兴作[①]，降于五祀之谓制度。此圣人所以藏身之固也。故圣人参于天地、并于鬼神，以治政也；处其所存，礼之序也；玩其所乐，民之治也。故天生时而地生财，人其父生而师教之，四者君以正用之，故君者立于无过之地也。”

注释

①兴作：制造器物。

译文

“所以政治是国君用来安身立命的法宝，所以施政一定要秉承于天，效法于地。政令颁布于社庙就叫作效法大地，颁布于祖庙就叫作仁义，颁布于山川就叫作兴作，颁布于五祀就叫作制度，这就是圣人安身立命的根本。所以圣人上承于天，下验于地，又考察了鬼神，一次来制定政令。处理所考察到的事理，就能得到礼节的次序。深切体会民众的欢乐，就能实现对人民的治理。所以天产生四时，地产生财货，人是父母所生而是老师教导的，国君能够正确恰当地利用天地人教这四者，所以国君能达到没有过错的境地。”

9“故君者所明也[1]，非明人者也[2]；君者所养也，非养人者也。君者所事也，非事人者也。故君明人则有过，养人则不足，事人则失位。故百姓则君以自治也，养君以自安也，事君以自显也。故礼达而分定，故人皆爱其死而患其生。故用人之知去其诈，用人之勇去其怒，用人之仁去其贪。故国有患，君死社稷，谓之义；大夫死宗庙，谓之变。故圣人耐以天下为一家[3]，以中国为一人者，非意之也，必知其情，辟于其义，明于其利，达于其患，然后能为之。”

注释

①所明：让人效仿。

②明人：效法臣民。

③耐：能。

译文

“国君是国民效仿的对象，而不是尊崇效仿国民的。国君是被国民供养的，而不是供养国民的。君王是由国民来侍奉的，而不是侍奉国民的。所以国君效法国民就说明他有过失，国君供养国民，自然财力不足，侍奉国民就意味丢掉了国君的尊严。所以百姓都是效仿君主进而达到自我治理，都是供养国君以达到安定自我的生活，侍奉国君以求彰显自己。所以礼制一旦通达名分就会确定，所以仁人都会乐于为国牺牲而耻于贪生。国君利用他们的智慧，而帮助他们去掉虚伪的品习，利用他们的勇敢，而帮助他们去掉暴躁冲动的习惯，利用他们的仁爱，而帮助他们去掉贪图便宜的毛病。所以国家一旦有忧患，国君与国家共存亡，这是天经地义的道理。大夫和宗庙共存亡，这是正当的职责。所以圣人能使天下成为一家，把整个中国团结成一个人，不是靠主观的愿望达到的，而是由于圣人了解人情、通晓人义、明白人利、懂得人患，然后才做到的。”

10“何谓人情？喜、怒、哀、惧、爱、恶、欲，七者弗学而能。何谓人义？父慈、子孝、兄良、弟弟、夫义、妇听、长惠、幼顺、君仁、臣忠，十者谓之人义。讲信修睦，谓之人利。争夺相杀，谓之人患[①]。故圣人之所以治人七情，修十义，讲信修睦，尚辞让，去争夺，舍礼何以治之？饮食男女，人之大欲存焉。死亡贫苦，人之大恶存焉。故欲、恶者，心之大端也。人藏其心，不可测度也。美恶皆在其心，不见其色也，欲一穷之，舍礼何以哉？”

注释

①人患：人际关系的破坏。

译文

“什么叫作人情？喜、怒、哀、惧、爱、恶、欲这七种不学就会的感情就是人情。什么叫作人义？父亲慈爱，儿子孝顺，哥哥友爱，弟弟恭敬，丈夫有情义，妻子听从，长辈宽厚，晚辈温顺谦恭，君主仁爱，臣子忠诚，这十种道德就是人义。讲求信用，维持和睦，这就叫作人际关系的改善。互相争夺残杀，这就叫作人际关系的破坏。所以圣人调节七种感情，推行十种道德，讲求信用，维持和睦，推尚谦让，摒弃争夺，除了礼什么还能达到呢？饮食、男女是人们普遍的欲求。死亡、贫苦是人们普遍的厌恶。这欲求和厌恶是人们心中最大的思虑。人们的思虑想法都是隐藏在内心中的，别人是不能揣度的。美好丑恶都隐藏在心里而不表现在脸色上，想彻底了解人们心里的想法，离开了礼还能有什么更好的办法？”

11“故人者，其天地之德、阴阳之交、鬼神之会、五行之秀气也①。故天秉阳，垂日星；地秉阴，窍于山川②，播五行于四时③，和而后月生也。是以三五而盈，三五而阙。五行之动，迭相竭也。五行、四时、十二月，还相为本也。五声、六律、十二管④，还相为宫也。五味、六和、十二食⑤，还相为质也。五色、六章、十二衣⑥，还相为质也。故人者，天地之心也，五行之端也，食味、别声、被色而生者也。”

注释

①五行：金、木、水、火、土。

②窍：孔穴，此指开窍、贯通。

③五行于四时：把五行和四季相配，木配春，火配夏，金配秋，水配冬，土配季夏与孟秋之间。

④五声：又叫“五音”，指宫、商、角、徵 zhǐ、羽。六律：

通指黄钟、太簇、姑洗、蕤宾、夷则、无射六阳律。十二管：即十二律，为黄钟、太簇、姑洗、蕤宾、夷则、无射六律与大吕、夹钟、仲吕、林钟、南吕、应钟六吕的合称。

⑤五味：酸、甘、苦、辛、咸五种味道。

六和：郑玄注："和之者，春多酸，夏多苦，秋多辛，冬多咸，皆有滑、甘，是谓六和。"十二食：十二月之食。

⑥五色：青、赤、黄、白、黑五种颜色。

六章：五色加天玄。十二衣：十二月所穿之衣。

译文

"人是感于天地的大德，阴阳二气的交合，鬼神的交会，五行的精华而生的。所以天秉承阳性，悬垂日月星辰的光辉。地秉承阴性，借山河为孔穴而吞吐贯通，散布五行于四季，五行四时协调匀和，而后月亮就按时出现。因此，十五天月亮就会逐渐满盈，后十五天月亮就会逐步亏缺。五行运转，轮流兴盛衰败。五行、四季、十二月，依次交替为主。五声、六律、十二管，依次交替为主调。五味、六和、十二食依次交替为主味。五色、六章、十二衣，依次交替为主色。人是天地的心灵，是五行的首要，人懂得品尝各种味道，分辨各种声音，制穿各种颜色衣服的万物之灵。"

12"故圣人作则，必以天地为本，以阴阳为端，以四时为柄[①]，以日星为纪[②]，月以为量[③]，鬼神以为徒，五行以为质，礼义以为器，人情以为田，四灵以为畜[④]。以天地为本，故物可举也。以阴阳为端，故情可睹也。以四时为柄，故事可劝也。以日星为纪，故事可列也。

月以为量，故功有艺也。鬼神以为徒，故事有守也。五行以为质，故事可复也。礼义以为器，故事行有考也。人情以为田，故人以为奥也[5]。四灵以为畜，故饮食有由也。”

注释

①柄：把握点。

②纪：纲纪。

③量：限量、区分。

④四灵：指下文提及的麟、凤、龟、龙。

⑤奥：主也。室中西南角称为奥，祭祀时神主在此，平时为尊长之位。

译文

“所以圣人制定法则，必须以天地为根本，以阴阳为开端，以四时为关键，以日星为纲纪，以月份为限量，以鬼神为徒类，以五行为实质，以礼义为器具，以人情为田地，以四灵为家畜。把天地作为根本，所以万物可以兴盛。把阴阳作为开端，所以人情可以看到。以四时为关键，所以事情都能顺利开展。把日星作为纲纪，所以事情可以排列有序。把月份作为限量，所以事功就会分明。把鬼神作为徒类，所以国家诸事就能各有职守。把五行作为本质，所以诸事可以周而复始。把礼义作为器具，所以做事就有了标准。把人情作为田地，所以人就成了生活的主体。把四灵作为家畜，所以饮食就有了来源。”

13“何谓四灵？麟、凤、龟、龙，谓之四灵。故龙以为畜，故鱼鲔不淰[①]；凤以为畜，故鸟不獝[②]；麟以为畜，故兽不狘[③]；龟以为畜，故人情不失。故先王秉蓍龟，列祭祀，瘗缯[④]，宣祝嘏辞说，设制度。故国有礼，官有御，事有职，礼有序。”

注释

①淰 shěn：鱼受惊乱游的样子。

②獝 xù：鸟惊飞的样子。

③狘 xuè：兽惊跑的样子。

④瘗缯 yìzēng：埋缯帛以祭地。瘗，掩埋。

译文

“什么叫作四灵？麒麟、凤凰、龟、龙这四种动物就是四灵。以龙为家畜，大鱼小鱼就不会受惊乱游。以凤为家畜，众鸟就不会受惊乱飞。以麟为家畜，众兽就不会受惊乱跑。以龟为家畜，人情就不会错失。所以先王卜筮用蓍草和龟甲，进行鬼神祭祀，掩埋缯帛，宣读祝词，设立制度。所以国人都彬彬有礼，官员都各有执掌，事情都有专职，礼俗都有秩序。”

14“故先王患礼之不达于下也。故祭帝于郊，所以定天位也[①]；祀社于国，所以列地利也[②]；祖庙，所以本仁也；山川，所以傧鬼神也；五祀，所以本事也。故宗祝在庙[③]，三公在朝[④]，三老在学，王前巫而后史，卜筮瞽侑皆在左右[⑤]，王中心无为也，以守至正。故礼行于郊，而百神受职焉；礼行于社，而百货可极焉；礼行于祖庙，而孝慈服焉；礼行于五祀，而正法则焉。故自郊社、祖庙、山川、五祀，义之修而礼之藏也。”

注释

①定天位：上下之位。祭天尊天，以示尊君。

②列地利：罗列大地养人之利。

③宗祝：宗伯和太祝。

④三公：太师、太傅、太保。

⑤瞽 gǔ：古代乐师。古代以目盲者为乐官，故为乐官的代称。侑：掌规谏之臣。

译文

“先王担心礼教不能普及于下民。于是在南郊祭天帝，以确定天的尊位。在国内祭土神，用来罗列大地物产之利。祭祀祖庙，是用来确立仁义的根本。祭祀山川，是敬待鬼神。祭祀五神，是本着政事。所以宗伯和太祝在宗庙帮助天子祭祀，三公在朝中辅佐天子政事，三老在学堂传布人伦义理，君王前面有巫师，后面有史官，卜筮官员、乐师谏官都在他的左右，君王处在中心，无为而治，以守其至纯至正的心虑。所以礼在南郊举行，天上众神就会各司其职。礼在社庙举行，各种货殖就会得到极好利用。礼在祖庙举行，子孝父慈就会得到推行。礼在宫中五祀举行，各种法则就会得到整饬。所以祭天、祭祖、祭山川、祭五祀，都是修正了义同时也把礼蕴藏其中了。”

15“是故夫礼，必本于大一[①]，分而为天地，转而为阴阳，变而为四时，列而为鬼神，其降曰命[②]，其官于天也。夫礼必本于天，动而之地，列而之事，变而从时，协于分艺。其居人也曰养，其行之以货力、辞让、饮食、冠、昏、丧祭、射、御、朝、聘。故礼义也者，人之大端也，所以讲信修睦，而固人之肌肤之会、筋骸之束也；所以养生送死、事鬼神之大端也，所以达天道、顺人情之大窦也[③]。故唯圣人为知礼之不可以已也。故坏国、丧家、亡人，必先去其礼。”

注释

①大一：即太一，形成天地的元气。

②降：天理流行而赋予物。

③大窦：最基本的渠道。

译文

“因此，礼必定本于太一，太一分化而成为天地，转化而成为阴阳，变化而成四季，布列而成鬼神，圣人本于天理而颁布的法令就叫作命，这种命是效法天理的。礼是源出于天的，运行而到达地下，分列而体现在各种人事中，变化而依从四时，协调而有分界。礼体现在人身上就是自我修养，而礼的实行表现在货力、辞让、饮食、冠、昏、丧、祭、射、御、朝、聘各个方面。因此，礼义是做人的头等大事，人们用它讲求诚信，维持信用进而使他们像肌肤相连，筋骨相接一样亲密。礼是用来奉养生者，送葬死者，敬事鬼神的大事项。礼是人们用来通达天道、理顺人情的基本渠道。所以，唯有圣人明白礼是不可以废止的。所以凡是国破、家坏、身败，必是先废弃了礼。”

16“故礼之于人也，犹酒之有糵也①，君子以厚，小人以薄。故圣王修义之柄、礼之序，以治人情。故人情者，圣王之田也，修礼以耕之，陈义以种之，讲学以耨之②，本仁以聚之，播乐以安之。故礼也者，义之实也。协诸义而协，则礼虽先王未之有，可以义起也。义者，艺之分、仁之节也。协于艺，讲于仁，得之者强。仁者，义之本也，顺之体也，得之者尊。故治国不以礼，犹无耜而耕也③；为礼不本于义，犹耕而弗种也；为义而不讲之以学，犹种而弗耨也；讲之于学而不合之以仁，犹耨而弗获也；合之以仁而不安之以乐，犹获而弗食也；安之以乐而不达于顺，犹食而弗肥也。”

注释

①糵 niè：酿酒必用的曲。

②耨 nòu：锄草。

③耜 sì：翻土农具，形如铁锹或铧，早为木制，后用金属制。

译文

“所以礼对于人的重要性就好像酿酒需要用曲一样，君子诚挚，情义就浓厚，小人义薄，情义就虚假。所以圣王研习义理的根本、礼教的秩序，就是为了治理人情。人情就好比圣王的天地，圣王修治礼仪来耕它，陈说仁义来种它，讲学教授来锄草，依据仁爱来收获它，散播音乐来安顿它。所以，礼就是义理的实质。与义理配合而协调一致，那么，这种礼仪即使古代先王没有过，也是可以通过义理兴起的。义理就是才艺的分界，仁爱的节度。能用义来调和才艺、讲求仁爱，得到它的人就是生活的强者。仁是义的根本，顺义而行，得仁的主体，能做到的人就会受到尊重。所以治理天下不用礼，就像没有耜而想要耕地。制定礼制不根据义，就像耕田而不播种。有义而不研习，就像播种以后却不去锄草。研习义而不把义与仁结合起来，就像尽管锄草而不收禾谷。能把仁与义结合起来，而不能用乐来稳定下来，就像收割了禾谷而不吃。能用乐使这一切安定下来，却不能通达于礼的终极，就像吃了粮食而不能使身体健壮起来。”

17“四体既正，肤革充盈，人之肥也；父子笃，兄弟睦，夫妇和，家之肥也。大臣法，小臣廉，官职相序，君臣相正，国之肥也。天子以德为车，以乐为御，诸侯以礼相与，大夫以法相序，士以信相考，百姓以睦相守，天下之肥也。是谓大顺。大顺者，所以养生送死、事鬼神之常也。故事大积焉而不苑[①]，并行而不缪[②]，细行而不失；深而通，茂而有间，连而不相及也，动而不相害也，此顺之至也。故明于顺，然后能守危也。故礼之不同也，不丰也，不杀也[③]，所以持情而合危也。”

注释

①菀：积压、郁结。

②缪：通“谬”。悖谬。

③杀：减少。

译文

“四肢健全、肌肤丰满的人，是一个强健的人。父子笃爱，兄弟和睦，夫妇和谐，这是一个和顺的家庭。大臣守法，小臣廉洁，官职上下有序，君臣互相匡正，这是一个富强的国家。天子以道德作为车，以和乐为驭手，诸侯彼此以礼相待，大夫按法令互相配合，士以信用互相考察，百姓以和睦维持关系，这是一个太平的天下。这种现象叫大顺。大顺，是用来供养生者、送葬死者、敬事鬼神的恒定法则。所以，虽然国事大量积累而不会郁结，同时进行而不会悖谬，认真实行而不会遗失。事虽然深奥而能通达，严密而不乏通道，联系而不混杂，运动而不会相互妨碍，这是顺的最高境界。所以，明白了顺的道理，才能够安守高位。礼对于各种人的规定是不相同的，礼数该少的就不能增加，礼数该多的就不能减少，只有这样才能维持人情消除危乱。”

18“故圣王所以顺，山者不使居川，不使渚者居中原，而弗敝也。用水、火、金、木，饮食必时。合男女，颁爵位，必当年德。用民必顺。故无水旱昆虫之灾，民无凶饥妖孽之疾。故天不爱其道，地不爱其宝，人不爱其情。故天降膏露，地出醴泉，山出器车，河出马图[①]，凤凰麒麟皆在郊棷[②]，龟龙在宫沼，其余鸟兽之卵胎，皆可俯而窥也③。则是无故，先王能修礼以达义，体信以达顺故，此顺之实也。”

注释

①马图：传说伏羲氏王天下，有龙马负图出于河，伏羲氏仿照其文画八卦。

②棷 sǒu：通“薮”。生长着很多草的沼泽。

③窥：察看、观看。

译文

“圣王为了理顺人情，于是不让居住山区的人们去河带居住，不让居住河洲的人去平原居住，这样民力就不会疲惫。圣王教导人们使用水、火、金、木、饮食一定要依照时令。圣王和合男女、颁布爵位，避讳依照年龄、品德。圣王役使人民必顺乎民意。这样做了，所以就没有水、旱昆虫之类的灾害，人民就不会闹饥荒，得怪病。所以天不隐藏其大道，地不隐藏其珍宝，人不隐藏其性情。于是，天降甘露，地涌甘泉，山里出产宝器，黄河里涌出龙马驮着宝图，凤凰麒麟都来到郊外的草泽，龟和龙都来到了宫池，其他鸟卵兽胎都可以随处看到。出现这种情况没有其他的原因，是由于先王能外修礼仪以体现天理，内心体会诚信以顺应人情的缘故。这就是顺的实质。”

学 记

题解

本篇论学，朱子曰：“此篇言古者学校教人传道授受之次序，与其得失兴废之所由，盖兼大小学言之。”以“学记”为题，以概括全篇之大旨。本篇为我国古代最早最完整的教育文献。其理论清晰深刻，指导我国教育、教学数千年，其中有许多原则方法，至今仍有相当高的参考利用价值。

1 发虑宪①，求善良，足以谀闻②，不足以动众。就贤体远③，足以动众，未足以化民。君子如欲化民成俗，其必由学乎！

注释

①发虑宪：虑，思虑。宪，法令、法度。

②谀 xiǎo：小。闻 wèn：声誉。③就贤：接近贤人。

译文

发动符合法度的思考，征求善良贤能的人，这样做可以博得小小的荣誉，却还不足以感动民众。接近贤人，体恤与自己疏远的人，这样可以感动民众，却还不能改善民风民俗。君子想要感化民众，形成良好的风俗，就一定从教育入手吧！

2 玉不琢[1]，不成器。人不学，不知道[2]。是故古之王者，建国君民，教学为先。《兑命》曰："念终始典于学[3]。"其此之谓乎！

注释

①琢：雕刻。

②知道：指懂得天地之道和人伦之道。

③《兑命》：《尚书》篇名。兑 yuè，今作"说"。

译文

玉石不经过雕刻，就不能变成有用的器物；人不经过学习，就不会明白道理。因此古代的君王建立国家，治理民众，都把教育放在首位。《尚书·兑命》篇中说："念头要自始至终放在学习上。"大概说的就是这个道理吧！

3 虽有嘉肴，弗食，不知其旨也[1]；虽有至道，弗学，不知其善也。是故学然后知不足，教然后知困。知不足，然后能自反也；知困，然后能自强也。故曰：教学相长也。《兑命》曰："学学半[2]。"其此之谓乎。

注释

①旨：美味。

②学 xiào 学 xué 半："教"占"学"的一半，即教别人自己也能收到一半的成效。前一"学"字，即"斅"，教。

译文

虽然有可口的饭菜，不吃就不知道它的美味；尽管有最善的道理，不学就不了解它的好处。因此，只有通过学习，然后才能知道自己的不足。通过教别人，才能知道自己还有哪些问题尚未弄懂。知道了自己的不足之处，才能反过来严格反省自己；感到困惑，然后才能发愤图强。所以说，教和学是相互促进的。《尚书·兑命》篇说："教别人，自己也能收到一半的成效。"说的就是这个道理吧！

4 古之教者，家有塾①，党有庠②，术有序③，国有学。比年入学④，中年考校。一年，视离经辨志⑤。三年，视敬业乐群。五年，视博习亲师。七年，视论学取友，谓之小成。九年，知类通达，强立而不反，谓之大成。夫然后足以化民易俗，近者说服⑥，而远者怀之。此大学之道也。《记》曰："蛾子时术之⑦。"其此之谓乎。

注释

①塾：古代私人设立的教学地方。孔颖达《礼记正义》："周礼，百里之内，二十五家为间，同共一巷，巷首有门，门边有塾。谓民在家之时，朝夕出入，恒受教于塾，故云'家有塾'。"因此，"家"在这里指二十五家的间。

②党：古代的一种居民组织，五百家为一党。党的学校叫庠。

③术 suì：郑玄注："术当作遂。"一万二千五百家为一遂。遂的学校叫序。

④比 bì 年：每年。

⑤离经辨志：离经，明句读。辨志，析经义。

⑥说 yuè 服：信服。

⑦《记》：古书名。蛾 yǐ：同“蚁”。蚂蚁。

译文

古代教学的场所，每二十五家有一塾，每一党有一庠，每一术有一序，在国都都设有太学。学校每年招收学生入学，每隔一年就对其学习情况进行考查。第一学年结束时，考查学生经文分章断句以及分析经文主旨的能力，第三学年考查学生是否专心学习和热爱集体，第五学年考查学生是否广泛学习、亲近师长，第七学年考查学生能否在学术上有自己的见解，以及选择贤人作为自己的朋友。如果能做到这些，就叫作“小成”。第九学年考查学生能否举一反三，遇事有自己的主张，不违背老师的教诲，如果能做到这些，就叫作“大成”。只有这样，才能感化民众，移风易俗，近处的人能心悦诚服，远方的人也愿意归顺。这才是大学教育的宗旨。古书上说：“应当学习小蚂蚁积土成山的精神。”说的就是这个道理吧！

5 大学始教，皮弁、祭菜[①]，示敬道也。《宵雅》肄三[②]，官其始也。入学鼓箧，孙其业也[③]。夏楚二物[④]，收其威也。未卜禘[⑤]，不视学，游其志也。时观而弗语，存其心也。幼者听而弗问，学不躐等也。此七者，教之大伦也。《记》曰：“凡学，官先事，士先志。”其此之谓乎！

注释

①皮弁：礼服。

②《宵雅》：即《小雅》。宵，通“小”。

三：《小雅》中的《鹿鸣》《四牡》《皇皇者华》三篇。

③鼓箧 qiè：谓击鼓开箧，古时入学的一种仪式。郑玄注：“鼓箧，击鼓警众，乃发箧出所治经业也。”孙：通“逊”。恭敬。

④夏楚：夏，槚的一种。楚，荆也。此二物为刑具。

学校设刑具，以示威严。

⑤禘：大祭。

译文

大学开学之际，学生穿上皮弁服，用藻菜祭祀先圣先师，以示对先圣先师的敬重。当祭祀开始时，让学生吟唱《小雅》中的《鹿鸣》《四牡》《皇皇者华》三篇，使他们一开始就明白做官的宗旨。入学上课时，击鼓把学生召集在一起，然后打开书箱，发放书籍，这是让学生恭顺地对待学业。学校有供体罚用的教鞭，是用来威慑学生，让他们有所畏惧。在没有举行大祭之前，领导不会考查学生的学业，以便使他们安心读自己喜欢的书籍。教师要经常了解学生的学习情况，但不要越俎代庖，以培养学生的独立思考的能力，年幼的学生应该认真听讲，而不应该多问，因为教师懂得因年龄而施教的道理。以上七项，是教学的大道理。古书上说：“若学做官，则先教为官之事，若学为士，则先教士应有的志气。”说的就是这个意思吧！

6大学之教也，时教必有正业[①]，退息必有居学。不学操缦[②]，不能安弦；不学博依，不能安《诗》；不学杂服，不能安礼；不兴其艺，不能乐学。故君子之于学也，藏焉、修焉、息焉、游焉。夫然，故安其学而亲其师，乐其友而信其道，是以虽离师辅而不反。《兑命》曰："敬孙务时敏，厥修乃来。"其此之谓乎！

注释

①时教：因时施教。

②操缦：操弄琴弦。

译文

大学的教学，要因时施教安排授课内容，教学内容必是先王的正典，课外休息，也要有课外温习的项目。不练习指法，就不能把琴弹好；不广博地学习比兴比喻，就不能准确领会《诗经》义；不学习各种服饰弁冕知识，就不能熟练地操持礼典；不喜欢学习各种杂艺，就不能有很高的兴趣学习正业。因此，君子心里常常想着学业，休息时在学习，游玩时在学习，无论何时何地，不放松学习。只有这样，才能安心学习并亲近师长，愉快地与朋友相处，而信奉所学的道理。因此，即便离开老师和朋友，也不会背离所学的道理。《兑命》上说："重视学业，谦逊而专注机敏地求学，才能有所成就。"说的就是这个意思吧！

7 今之教者，呻其佔毕[①]，多其讯言[②]，及于数进而不顾其安，使人不由其诚，教人不尽其材。其施之也悖，其求之也佛[③]。夫然，故隐其学而疾其师，苦其难而不知其益也。虽终其业，其去之必速。教之不刑[④]，其此之由乎！

注释

①呻：朗读。佔 shān 毕：简册。佔，通“笘”。竹简。

②多其讯言：一味地灌输知识。

讯，据王引之说，应读为“谇 suì”，告知。

③佛：通“拂”。乖戾。

④刑：犹成也。

译文

如今的教师，只知道拿着简册，照本宣科，不容学生思考领悟就生硬灌输，一味地追求进度，而不考虑学生的接受能力，教授学生缺乏诚意，不能因材施教。他们的教法违背了常理。这样，学生必然会厌恶学业，进而怨恨老师，就不会体会到学习的乐趣。尽管完成了学业，他所学的东西很快忘记，教育之所以不能成功，就是这个原因吧！

8 大学之法，禁于未发之谓豫[①]，当其可之谓时，不陵节而施之谓孙[②]，相观而善之谓摩。此四者，教之所由兴也。

注释

①豫：预防。

②陵节：超越等级。孙：通“逊”。顺也，指循序渐进。

译文

大学的教育方法是，在邪念没有萌发之时就加以预防，这叫作防患于未然；在应该接受教育之时加以教育，这叫作适时；不超越正常的教学阶段而进行教育，叫作循序渐进；学生互相取长补短，叫作观摩切磋。这四点，是教育之所以兴盛的原因。

9 发然后禁，则扞格而不胜[①]；时过然后学，则勤苦而难成；杂施而不孙，则坏乱而不修；独学而无友，则孤陋而寡闻；燕朋逆其师；燕辟废其学[②]。此六者，教之所由废也。

注释

①扞 hàn 格：抵触抗拒。

②燕辟：王夫之注：“燕辟，女子小人导以淫佚。”这里指行为不端。

译文

在邪念萌发之后才加以禁止，就与学生的想法抵触而格格不入，因而没有什么作用；适宜的学习时机过去了，才来学习，尽管刻苦勤奋，也难有成效；教学杂乱无章而不循序渐进，那么学生的学业混乱而不可收拾；单独学习而不与朋友交流切磋，就会孤陋寡闻；与不正派的朋友交往，就会导致背离师训；形成不良嗜好就会荒废学业。这六点，是教育之所以失败的原因。

10 君子既知教之所由兴，又知教之所由废，然后可以为人师也。故君子之教喻也①，道而弗牵②，强而弗抑，开而弗达。道而弗牵则和③，强而弗抑则易，开而弗达则思。和易以思，可谓善喻矣。

注释

①喻：晓谕，开导。

②道：引导。

③和：和谐，和顺。

译文

君子只有知道教育兴盛的原因，又知道教育废弃的原因，然后才能够当好老师。因此君子教育学生时，引导而不强制，劝勉而不打压，启发思考而不点破。引导而不强制，那么师生关系就会融洽；劝勉而不打压，则学生就乐于接受；启发而不点破，则能激发学生的思考。使学生和顺，乐于接受，又能独立思考，这就称得上善于教育了。

11 学者有四失，教者必知之。人之学也，或失则多，或失则寡，或失则易，或失则止。此四者，心之莫同也。知其心，然后能救其失也。教也者，长善而救其失者也[1]。善歌者，使人继其声。善教者，使人继其志。其言也约而达，微而臧[2]，罕譬而喻，可谓继志矣。

注释

①长善：发扬优点。

②微而臧：孔颖达《礼记正义》："微而臧者，微谓幽微。臧，善也。谓义理微妙而说之精善也。"

译文

学生在学习过程中会犯四种错误，教师必须了解。人们学习失败的原因，有的因为贪多，有的因为孤陋寡闻，有的因为过于肤浅，有的因为自以为是而故步自封。这四种情况的出现，是由于各自不同的心理引起的。做教师的应了解学生的心理特点，才能对症下药，纠正他们的过失。教育，就是让学生扬长避短。善于唱歌的人，能使听众情不自禁跟着他唱；善于教学的人，能引导学生自觉跟着他学。言语简约而通达，道理深奥而解说精妙，譬喻不多而意义明了，能够做到这样，可以说是善于引导学生接受其观点了。

12 君子知至学之难易，而知其美恶[1]，然后能博喻。能博喻，然后能为师。能为师，然后能为长。能为长，然后能为君。故师也者，所以学为君也，是故择师不可不慎也。《记》曰："三王四代唯其师[2]。"此之谓乎？

注释

①美恶：王夫子《礼记章句》："美恶，学者材质之差也。"

②三王：夏、殷、周三代之王。四代：三代加虞。

译文

君子知道求学的深浅次第，又了解学生的资质的好坏，然后才能因材施教。能因材施教，然后才能为人师表。能为人师表，然后才能做官长，能够做官长，然后才能做国君。所以，跟着老师学习，就是在学习做国君。因此，选择老师不可以不慎重。古书上说："三王、四代都以老师为重。"说的就是这个意思吧！

13 凡学之道，严师为难[①]。师严，然后道尊。道尊，然后民知敬学。是故君之所不臣于其臣者二：当其为尸[②]，则弗臣也；当其为师，则弗臣也。大学之礼，虽诏于天子，无北面，所以尊师也。

注释

①严：尊敬。

②尸：古代代表死者受祭祀的人，一般由王族中人或死者晚辈充当。

译文

凡学习之道，最难做到的就是尊敬教师。教师受到尊敬，然后他所传授的道才会得到尊重；道受到尊重，然后民众才知道认真学习。因此，国君不把臣子当作臣子看待，只有两种情况：一是当臣子在祭祀中担任尸的时候，一是当臣子做自己老师的时候。依据大学的礼制，即使给天子讲课，老师也不用面朝北，这是表示对老师的尊敬。

14 善学者，师逸而功倍，又从而庸之。不善学者，师勤而功半，又从而怨之。善问者，如攻坚木，先其易者，后其节目，及其久也，相说以解①。不善问者反此。善待问者如撞钟，叩之以小者则小鸣，叩之以大者则大鸣，待其从容，然后尽其声。不善答问者反此。此皆进学之道也。

注释

①说：通“脱”。解脱。

译文

善于学习的人，老师轻松而事半功倍，学生又把功劳归于老师。不善于学习的人，老师辛苦而事倍功半，学生还埋怨老师。善于提问的人，好比木工砍伐坚硬的木材，先从容易的地方着手，然后再砍伐坚硬的关节处，时间一久，问题就解决了。不善于提问的人正好与此相反。善于回答问题的人，好比撞钟，用力小，钟声则小，用力大，则钟声则大，你从容不迫地撞，我的回答娓娓道来像钟声余韵悠扬。不善于回答的恰恰与此相反。这些都是增进学问的方法。

15 记问之学，不足以为人师。必也其听语乎？力不能问，然后语之。语之而不知，虽舍之可也。

译文

光靠死记一些书本知识，到时候为学生讲说，这种人不足以成为老师。做老师一定要依据学生的提问加以解答。如果学生提不出问题，那么老师应该讲给学生听。如果讲了他还不懂，那就先把这个问题搁置一旁，以待将来再解答。

16 良冶之子，必学为裘[①]。良弓之子，必学为箕。始驾马者反之，车在马前。君子察于此三者，可以有志于学矣。

注释

①为裘：缝制皮衣。

译文

优秀的冶铸工之子，一定要学习缝制皮衣；优秀的弓匠之子，一定要学习编制畚箕；刚开始学习驾车的幼马，要放在车后跟着。君子明白这三件事的道理，就可以立志向学了。

17 古之学者，比物丑类。鼓无当于五声[①]，五声弗得不和。水无当于五色，五色弗得不章。学无当于五官[②]，五官弗得不治。师无当于五服[③]，五服弗得不亲。

注释

①五声：宫、商、角、徵、羽。

②五官：司徒、司马、司空、司士、司寇。

③五服：斩衰、齐衰、大功、小功、缌麻五种丧服。

译文

古代的学者，喜欢排比并列各类事物。鼓，不属于五声，但五声没有鼓的调节就不能和谐。水，不属于五色，但没有水的调和，五色就不会鲜明。学，不属于五官，但五官不通过学，就无法学习治理之道。老师，本不在五服之内，但五服内的亲属不通过老师教导，就不知道应当怎样相处。

18 君子曰："大德不官[①]，大道不器[②]，大信不约，大时不齐。察于此四者，可以有志于学矣。"三王之祭川也，皆先河而后海，或源也，或委也，此之谓务本。

注释

①大德：最崇高的道德，多指圣人的德行。

②大道不器：大道，事物的普遍规律。器，具体的事物。

译文

君子说："最崇高的德行，不局限于任何官职；作为宇宙万物的普遍规律，不拘泥任何器用；最大的诚信不需要订立盟约；大的天时，如同四季的变化，无须整齐划一，却是最准确的守时。明白了这四项，就可以有志向学了。"古时夏、商、周三代君王祭祀江河的时候，都是先祭河后祭海，这是因为河是海的源头，海是河的归宿。这就叫作务求根本。

乐 记

题解

郑玄云："名曰'乐记'者，以记其乐之义。"即此篇为反映音乐理论的篇章，故称为"乐记"。本篇系统论述了乐的本质、乐之所以产生的人性基础、乐的社会功能、乐与礼的关系。儒家礼乐并重，礼的目的是建立社会秩序，乐的目的是移风易俗，统一民心。乐是儒家"六艺"之一，无论大学、小学，皆重此道，本篇更是将"乐"发挥到哲学本体论的高度。值得注意的是，本篇所论的"乐"不同于今天的音乐，它还包含音乐、舞蹈、诗歌等形式。

1 凡音之起，由人心生也。人心之动，物使之然也。感于物而动，故形于声。声相应，故生变。变成方，谓之音。比音而乐之，及干戚羽旄①，谓之乐。

注释

①干戚羽旄：跳舞时所持的四种舞具。干，盾牌。戚，大斧。羽，雉羽。旄，旄牛尾。

译文

大凡"音"的产生，是由人心发生的。人的思想感情的变化，又是外界事物出发的结果。有感于外界事物而心动，因此就表现在声音上。不同的声音彼此相和，所以产生变化。变化而形成旋律，就叫作“音”。排列这些音调，而且配上乐器演奏，并手持干、戚、羽、旄跳舞，就叫作“乐”。

2 乐者，音之所由生也，其本在人心之感于物也。是故其哀心感者，其声噍以杀①；其乐心感者，其声啴以缓②；其喜心感者，其声发以散；其怒心感者，其声粗以厉；其敬心感者，其声直以廉；其爱心感者，其声和以柔。六者非性也③，感于物而后动。是故先王慎所以感之者，故礼以道其志，乐以和其声，政以一其行，刑以防其奸。礼乐刑政，其极一也，所以同民心而出治道也。

注释

①噍 jiāo 以杀 shài：焦急而短促。杀，衰减。

②啴 chǎn：宽舒。③性：天生的。

译文

“乐”，是由“音”构成，而其根源在于人心对外界事物的感应。因此，人心有了哀伤的感受，发出的声音就焦急而短促；人心有了愉快的感受，发出的声音就宽绰而舒缓；人心有了喜悦的感受，发出的声音就开朗而轻快；人心有了愤怒的感受，发出的声音就粗暴而严厉；人心有了敬畏的感受，发出的声音就刚直而廉正；人心有了爱慕的感受，发出的声音就温和而柔顺。这六种声音，并非人的内心原有的，而是受到外界事物的感动才发生的。因此，前代先王非常重视能够感动民众的事物。所以用礼制引导民众的心志，用音乐调和民众的声音，用政令统一民众的行为，用刑法防止民众的奸邪。礼、乐、刑、政，他们的最终目标是一致的，都是用来统一民心而实现天下大治的。

3 凡音者，生人心者也。情动于中，故形于声。声成文，谓之音。是故治世之音安以乐，其政和；乱世之音怨以怒，其政乖①；亡国之音哀以思，其民困。声音之道，与政通矣。

注释

①乖：乖戾。

译文

大凡音乐，都是产生于人的内心。感情在内心激荡，就在声音上体现出来。把声组合成一定形式的曲调，就叫作音。所以治世之音安适而喜悦，反映当时政治的和谐。乱世之音怨恨而愤怒，反映政治乖戾。亡国之音悲哀而忧虑，反映当时民众的困苦。由此看来，声音的道理与政治是相通的。

4 宫为君，商为臣，角为民，徵为事，羽为物①，五者不乱，则无怗懘之音矣②。宫乱则荒，其君骄；商乱则陂③，其官坏；角乱则忧，其民怨；徵乱则哀，其事勤；羽乱则危，其财匮。五者皆乱，迭相陵，谓之慢。如此则国之灭亡无日矣。

注释

①宫、商、角、徵、羽：是五声音阶中五个不同音的名称。君、臣、民、事、物：为国家政治生活中五种根本要素。此因“声音之道，与政通”的道理而作的比拟。

②怗懘 zhānchì：败坏，不和谐。

③陂 bì：倾斜。

译文

宫代表君，商代表臣，角代表民，徵代表事，羽代表物，这五种调式不混乱，就不会有不和谐的曲调了。宫调混乱，音调就散漫，象征君主娇纵；商调混乱，音调就颓废，象征吏治腐败；角调混乱，音调就幽怨，象征民众困苦；徵调混乱，音调就哀伤，象征役事繁重；羽调混乱，音调就危急，象征物质匮乏。五种调式皆乱，秩序荡然无存，那就会奏出所谓的慢音。到了这个地步，亡国之日不远了。

5 郑卫之音①，乱世之音也，比于慢矣。桑间濮上之音②，亡国之音也。其政散，其民流，诬上行私而不可止也。

注释

①郑卫之音：春秋时期郑、卫两地的音乐。由于与正统音乐不同，所以被斥为乱世之音。

②桑间濮上之音：这里是靡靡之音的代称。《汉书·地理志下》：“卫地有桑间濮上之阻，男女亦亟聚会，声色生焉。”

译文

郑卫之音，属于乱世之音，接近于慢音了。桑间濮上之音，属于亡国之音，它象征这国家政局混乱，民众流离失所，臣子欺上瞒下，图谋私利而不可遏止。

6 凡音者，生于人心者也；乐者，通伦理者也。是故知声而不知音者，禽兽是也。知音而不知乐者，众庶是也。唯君子为能知乐。是故审声以知音，审音以知乐，审乐以知政，而治道备矣。是故不知声者，不可与言音；不知音者，不可与言乐；知乐则几于礼矣。礼乐皆得，谓之有德，德者得也。是故乐之隆，非极音也；食飨之礼[①]，非致味也；《清庙》之瑟[②]，朱弦而疏越[③]，一倡而三叹，有遗音者矣；大飨之礼，尚玄酒而俎腥鱼[④]，大羹不和，有遗味者矣。是故先王之制礼乐也，非以极口腹耳目之欲也，将以教民平好恶而反人道之正也。

注释

①食飨 sìxiǎng 之礼：食礼和飨礼，古代招待宾客以及祭祀的礼仪。

②《清庙》：《诗经·周颂》的篇名，内容为歌颂文王之德，为周天子宗庙乐歌。

③越：瑟底之孔。

④玄酒：即水。

译文

音，产生于人的内心；乐，可以通达人伦事理的。因此，只懂得声而不懂音的是禽兽；懂得音而不懂得乐的是庶民。唯有君子懂得乐。因此，君子能从审查声而懂得音，从审查音而懂得乐，从审查乐而懂得政治，这样，一套完备的治国之道就形成了。不懂得声的人，就没法与他讨论音；不懂得音的人，就没法与他讨论乐。懂得了乐，就近乎懂得礼了。礼、乐都懂，称之为有德。德，就是有得于礼乐。因此，乐的规模盛大，并不只是穷极地满足听觉上的享受；食飨之礼的丰盛，并不只是穷极地满足味觉上的享受。就像演奏《清庙》乐章的瑟，拨着红色的弦，疏通瑟底的音孔，一人领唱，三人应和，形式简朴却余音袅袅。大飨之礼，以水代酒放在上位，俎上摆着未经烹调的生鱼，肉汁不加任何调料，食物简单余味无穷。所以，先王制作礼乐，不是为了满足口腹耳目的感官享受，而是用以劝导民众节制欲望，分别善恶，以回归人性的正道。

7 人生而静，天之性也。感于物而动，性之欲也。物至知知[①]，然后好恶形焉。好恶无节于内，知诱于外，不能反躬，天理灭矣。夫物之感人无穷，而人之好恶无节，则是物至而人化物也[②]。人化物也者，灭天理而穷人欲者也。于是有悖逆诈伪之心，有淫佚作乱之事，是故强者胁弱，众者暴寡，知者诈愚，勇者苦怯，疾病不养，老幼孤独不得其所，此大乱之道也。是故先王之制礼乐，人为之节。衰麻哭泣[③]，所以节丧纪也；

种鼓干戚，所以和安乐也；昏姻冠笄[④]，所以别男女也；射乡食飨，所以正交接也。礼节民心，乐和民声，政以行之，刑以防之。礼乐刑政，四达而不悖，则王道备矣。

注释

①知 zhì 知：前“知”同“智”，指心智；后“知”指感知。

②人化物：人化于物。

③衰 cuī 麻：指丧服。

④昏姻：即“婚姻”。昏，同“婚”。

冠笄：指男女的成年礼。古代男子二十而冠，行冠礼，取字，许婚；女子十五而笄，行笄礼，许嫁。

译文

人生之初是好静的，这是天赋的本性；受到外界事物影响而心有所动，这是人的本性产生的欲求。人不断地感知外界事物，然后内心就表现出好恶。如果好恶在内心无法得到制约，再加上对于外界事物的诱惑不能正确对待，那么人的天性就泯灭了。外物对人的影响是无穷的，再加上人的内心好恶没有节制，这样，随着外物的到来，人渐渐被征服了。人被征服，就会泯灭天理而穷尽欲求。到了这个地步，就会产生犯上作乱、欺诈虚伪之心，就会有骄纵淫逸、为非作乱之事。以至于强者胁迫弱者，多数的欺辱少数的，聪明者欺骗老实的，胆大者凌辱胆小者，病人得不到治疗，老幼孤弱者得不到安居之所，这是导致国家大乱之道。所以，先王制礼作乐，使民众自我节制。如制定丧服和哭泣的礼数，是用来节制丧事的；制定钟鼓干戚之乐舞的礼制，是用来调节安乐的；制定婚礼、冠礼、笄礼，是用来区别男女的；制定射礼、乡饮酒礼、食礼、飨礼，是用来规范交际的。礼可以节制民心，乐可以调和民声，用政令加以推行，用刑罚加以防范。礼乐刑政，通达四方而不悖乱，这样王道之治就完备了。

8 乐者为同，礼者为异。同则相亲，异则相敬。乐胜则流[①]，礼胜则离。合情饰貌者，礼乐之事也。礼义立，则贵贱等矣，乐文同，则上下和矣。好恶着，则贤不肖别矣。刑禁暴，爵举贤，则政均矣[②]。仁以爱之，义以正之，如此则民治行矣。

注释

①流：放任失敬。

②政均：政治平稳。

译文

乐的作用在于和合上下，礼的作用在于区别差异。情感和合就会相互亲近，贵贱差异就会相互尊重。过分重视乐会使人际关系轻慢，过分重视礼会使人际关系疏远。调和感情、修饰仪态，这是礼与乐的功能。礼仪确立，贵贱等级就分明了；乐曲和谐，上下关系就和睦了。善恶的标准明确，贤人与不肖的人、与坏人就容易区别了。用刑罚来禁止暴虐，用爵位来推贤举能，政治就清明了。用仁爱护民众，用义管理民众。这样，民众就能治理好了。

9 乐由中出，礼自外作。乐由中出，故静；礼自外作，故文。大乐必易，大礼必简，乐至则无怨，礼至则不争，揖让而治天下者，礼乐之谓也。暴民不作，诸侯宾服，兵革不试，五刑不用[①]，百姓无患，天子不怒，如此则乐达矣。合父子之亲，明长幼之序，以敬四海之内，天子如此则礼行矣[②]。

注释

①五刑：墨、劓 yì、刖 yuè、宫、大辟五种刑罚。

②天子如此：此处“天子”二字疑衍。译文删。

译文

乐是由内心产生的，礼是从外表反映的。乐是由内心产生，所以就显现平静；礼从外表反映，所以就显现文饰。隆重的音乐是平易的，盛大的礼仪是简朴的。乐教施行了，就会消除怨恨；礼教施行了，就会消除纷争。古代先王能以谦让治理天下，依靠的就是礼乐的作用。没有暴民暴乱，诸侯臣服，兵革不动，刑罚不用，百姓无忧无虑，天子不必恼怒，这样，乐教的目的就达到了。使四海之内，父子关系融洽，长幼次序分明，这样，礼教就得以推行了。

10 大乐与天地同和[①]，大礼与天地同节。和，故百物不失；节，故祀天祭地。明则有礼乐，幽则有鬼神。如此，则四海之内合敬同爱矣。礼者，殊事合敬者也；乐者，异文合爱者也。礼乐之情同，故明王以相沿也。故事与时并[②]，名与功偕。

注释

①大：赞美词。

②事与时并：行事须适应形势。这里指礼教要与时代合拍。

译文

盛大的乐与天地一样调和万物，隆重的礼与天地一样节制万物。因为和谐，所以万物不失生长的本性；有了节序，所以才按时祭祀天地。明处有礼乐教化，暗处有鬼神保佑，这样，四海之内就能互敬互爱。礼，以不同礼节仪式使人相互敬重；乐，以不同形式的乐曲使人相亲相爱。礼与乐的社会功能相同，所以圣贤的君主都沿袭遵守，因此，礼应具有时代特征，所制的乐名与所建的功业相称。

11 故钟鼓管磬①，羽钥干戚②，乐之器也；屈伸俯仰，缀兆舒疾，乐之文也；簠簋俎豆③，制度文章，礼之器也；升降上下，周还裼袭④，礼之文也。故知礼乐之情者能作，识礼乐之文者能述。作者之谓圣，述者之谓明。明圣者，述作之谓也。

注释

①钟鼓管磬：指不同的乐器。

②羽钥 yuè 干戚：指舞具。

③簠簋 fǔguǐ：都是盛放稷稻米等饭食的器具。

④裼 xī 袭：古代礼服之制，袒外衣而露裼衣，且不尽覆其裘，谓之裼。不裼，谓之袭，即掩好正服前襟。盛礼以袭为敬，非盛礼以裼为敬。

译文

所以，钟鼓管磬等乐器和羽钥干戚等舞具，都是乐的表现器具；屈伸俯仰的姿态，开合快慢的变化，都是乐的表现形式。簠簋俎豆等各种盛具、各种规格文饰，都是礼的表现器具；上堂下堂、袒开外衣、掩住外衣都是礼的表现形式。因此，懂得礼乐社会作用的人能够制作礼乐，懂得礼乐表现形式的人能够传授礼乐。能制作礼乐的人称为“圣”，能传授礼乐的人称为“明”。所谓“明圣”，就是传授礼乐、制作礼乐的意思。

12 乐者，天地之和也。礼者，天地之序也。和，故百物皆化；序，故群物皆别。乐由天作，礼以地制。过制则乱①，过作则暴②。明于天地，然后能兴礼乐也。

注释

①过制：过制则失序，故乱。

②过作：过作则失和，故暴。

译文

乐，象征天地的和谐。礼，象征天地的秩序。因为和谐，所以万物都能化生；因为秩序，所以万物又有区别。乐是依从天的道理而制作的，礼是依据地的道理而制作的。礼若过度就会导致秩序混乱，乐若过度导致暴乱。理解了天地运行的道理，然后才能制作礼乐。

13 论伦无患[1]，乐之情也；欣喜欢爱，乐之官也；中正无邪，礼之质也；庄敬恭顺，礼之制也。若夫礼乐之施于金石，越于声音，用于宗庙社稷，事乎山川鬼神，则此所与民同也。

注释

①论：雅颂之辞也。伦：音律之节也。

译文

合乎伦理道德，对社会没有害处，是乐的情理；使人高兴欢喜，是乐的职能。中正无邪，是礼的本质；使人庄敬恭顺，是礼的作用。至于使礼乐凭借金石乐器表现出来，通过声音传播出来，用于祭祀宗庙社稷，用于祭祀山川鬼神，这些是天子与民众相同的。

14 王者功成作乐，治定制礼。其功大者其乐备，其治辩者其礼具[1]。干戚之舞，非备乐也；孰亨而祀[2]，非达礼也。五帝殊时，不相沿乐；三王异世，不相袭礼。乐极则忧，礼粗则偏矣。及夫敦乐而无忧，礼备而不偏者，其唯大圣乎！

注释

①辩：通“遍”。

②孰亨：即“熟烹”。

译文

君王创业成功就制作音乐，在社会安定后制定礼仪。功业宏大的君主，他所制作的乐就完备；政绩广遍的君主，他所制作礼就周全。单是手持干戚的舞蹈，不能算是完备的乐，仅用烹熟食物来祭祀，不能算是通达的礼。五帝所处的时代不同，因而没有互相沿袭乐制；三王所处的时代不同，因而没有相互沿袭乐制。乐，超过限度就会发生忧虑；礼，制作粗略就会发生偏差。至于能够做到乐盛大而无忧虑，礼完备而无偏差，那只有大圣人吧！

15 天高地下，万物散殊，而礼制行矣。流而不息，合同而化，而乐兴焉。春作夏长，仁也；秋敛冬藏，义也。仁近于乐，义近于礼。乐者敦和，率神而从天①；礼者别宜，居鬼而从地。故圣人作乐以应天，制礼以配地。礼乐明备，天地官矣②。

注释

①率：遵循。

②官：职能。

译文

天在上地在下，万物散布而各不相同，因而礼制就是依据这种差别而制定的。天地万物流动不息，会合齐同而变化，因而乐就是按照这种合同变化而产生的。春天萌生，夏天生长，体现着仁的精神；秋天收获，冬天储藏，体现着义的实质。

仁与乐性质相近，义与礼性质相近。乐注重和同，就是要遵循神的旨意顺从天之道；礼注重差异，就是要遵循鬼的旨意顺从地之道。因此圣人制作礼乐，以配合天地运行之道。礼乐制度显明完备，天地的职能就能够发挥了。

16 天尊地卑，君臣定矣。卑高已陈[①]，贵贱位矣。动静有常，小大殊矣。方以类聚，物以群分，则性命不同矣。在天成象，在地成形。如此，则礼者天地之别也。地气上齐[②]，天气下降，阴阳相摩，天地相荡，鼓之以雷霆，奋之以风雨，动之以四时，煖之以日月[③]，而百化兴焉。如此，则乐者天地之和也。化不时则不生，男女无辨则乱升，天地之情也。

注释

①卑高：依据郑玄注，卑指泽，高指山，尊卑之位像山泽。

②齐：通“跻”。上升。

③煖：同“暖”。此处意为照耀。

译文

天高而尊，地下而卑，君臣尊卑取法于天地而定。山高泽低，贵贱的地位就依次确定了。自然间运动有一定规律，大小万物就区分开了。飞禽走兽，各以类别相聚，草木虫鱼，各以群体分别，各自的禀性就各不相同。在天上有日月星辰风雨雷电等各种现象，在地上山川河流动物植物等不同形态。这样，礼就是用以反映天地万物的差异。地气上升，天气下降，阴阳相互摩擦，天地相互激荡，雷霆隆隆，风雨滋润，四季交替运转，日月昼夜照耀，于是万物便产生了。这样，可知乐是体现天地之和谐的。如果变化不合时宜，则物亦不生，男女没有区别就发生混乱。这是天地的本性。

17 及夫礼乐之极乎天而蟠乎地[①]，行乎阴阳而通乎鬼神，穷高极远而测深厚。乐著大始，而礼居成物，著不息者天也，著不动者地也。一动一静者，天地之间也。故圣人曰“礼乐”云。

注释

①蟠：分布。

译文

至于说到礼乐，上达于天，下至于地，可与阴阳并行，能与鬼神相通，穷尽极高，探测极远。乐显示创始万物的天，礼体现形成万物的地。显示运动不息的是天，显示静止不动的是地。一动一静，就产生了万物。所以圣人治理天下，必定会运用“礼乐”。

18 昔者舜作五弦之琴以歌《南风》[①]，夔始制乐以赏诸侯[②]。故天子之为乐也，以赏诸侯之有德者也。德盛而教尊，五谷时孰[③]，然后赏之以乐。故其治民劳者，其舞行缀远；其治民逸者，其舞行缀短。故观其舞，知其德；闻其谥，知其行也。

注释

①《南风》：古歌曲名。

②夔 kuí：人名，舜时乐官。

③孰：同“熟”。

译文

从前，舜制作五弦琴用来歌唱《南风》，乐官夔才开始制乐，用来赏赐诸侯。因此天子制乐，是用来赏赐有德的诸侯的。作为诸侯，德行高尚而教化尊崇，五谷丰登，能够达到这样，天子就把乐赏赐给他。所以，诸侯治理无方，民众劳苦很多的，赏赐的舞队规模小，人数少，为舞者位置所设标记就隔得远；诸侯治理有序，人民大众安逸的，赏赐的舞队规模大，人数多，为舞者位置所设标记就隔得近。所以观看诸侯的舞队，就可以了解他的德行；听到诸侯死后的谥号，就能了解他的一生的行为。

19《大章》①，章之也。《咸池》②，备矣。《韶》③，继也。《夏》④，大也。殷周之乐⑤，尽矣。

注释

①《大章》：尧时乐名，颂扬尧之德行。

②《咸池》：黄帝时乐名。

③《韶》：舜时乐名。

④《夏》：禹时乐名。

⑤殷周之乐：殷乐指《大濩》，周乐指《大武》。

译文

《大章》，彰显尧的德治。《咸池》，表现黄帝之德政完备。《韶》，体现舜能继承尧之美德。《夏》，反映禹发扬尧舜之德，殷周的乐，充分显示了当时的文治武功的盛况。

20 天地之道，寒暑不时则疾[①]，风雨不节则饥。教者，民之寒暑也，教不时则伤世。事者，民之风雨也，事不节则无功，然则先王之为乐也，以法治也，善则行象德矣。

注释

①不时：不合季候，反常。

译文

依据天地的运行规律，冷热不合时宜，人就会生病，风雨不调就会发生饥荒。乐教相对于民众而言就像是寒暑交替，乐教不及时就会损害世道。礼制相对于民众而言就像风雨，礼制没有节制就会劳而无功。由此可知，先王的制乐，用它来作为治理民众的方法，用得好就能使民众的行为合乎道德。

21 夫豢豕为酒[①]，非以为祸也；而狱讼益繁，则酒之流生祸也。是故先王因为酒礼。一献之礼[②]，宾主百拜，终日饮酒而不得醉焉，此先王之所以备酒祸也。故酒食者，所以合欢也；乐者，所以象德也；礼者，所以缀淫也[3]。是故先王有大事，必有礼以哀之；有大福，必有礼以乐之。哀乐之分，皆以礼终。乐也者，圣人之所乐也，而可以善民心。其感人深，其移风易俗，故先王著其教焉。

注释

①豢 huàn：养。

②一献之礼：士的饮酒之礼，包括敬酒、回敬酒、酬酒等。

③缀：通“辍”。停止。

译文

养猪酿酒是为宴飨祭祀，不是为了制造祸端，而诉讼案件日益增多，就是因为饮酒放纵无度而造成的祸患。因此，先王制定饮酒礼。饮酒行一献之礼，宾主之间进行各种跪拜，即便整天饮酒也不会醉倒，这是先王用来预防喝酒酿祸的方法。所以，酒食是用来同乐的，乐是用来表现德行的，礼是用来防止淫逸。因此，先王遇死丧大事，用一定的礼表达悲伤之情；遇喜庆大事，用一定的礼表示喜悦之情。悲伤与喜悦的程度，最终都是合乎礼的规范。乐，是圣人所喜爱的，它可以使民心向善，它可以感人至深，它能移风易俗，所以先王十分重视乐教。

22 夫民有血气心知之性，而无哀乐喜怒之常；应感起物而动，然后心术形焉。是故志微噍杀之音作[1]，而民思忧；啴谐、慢易、繁文、简节之音作[2]，而民康乐；粗厉、猛起、奋末、广贲之音作[3]，而民刚毅；廉直、劲正、庄诚之音作，而民肃敬；宽裕、肉好、顺成、和动之音作，而民慈爱；流辟、邪散、狄成、涤滥之音作[4]，而民淫乱。

注释

①志微噍杀：志微，《汉书·乐志》作“纤微”，纤细微弱。噍杀，焦急衰微。

②啴 chǎn 谐：宽舒和谐。

③贲：通“愤”。

④狄成：指音乐的疾速。

译文

人生来就都具有血气心智的天性，但其喜怒哀乐的感情还是变化无常的，这都是对外物有所感应，然后才有喜怒哀乐之情的表现。因此，细微、急促的音乐响起，民众就会感到忧郁。宽舒、平缓、节奏简明而意义丰富的音乐响起，民众就会感到舒畅。粗犷、威武、奋发的音乐响起，民众就会感到振奋。刚正、端庄、真诚的音乐响起，民众就会肃然起敬。谐和、圆润、流畅、柔和的音乐响起，民众就会和善。放荡、邪僻、轻佻、散漫的音乐响起，民众就会变得淫乱。

23 是故先王本之情性，稽之度数，制之礼义，合生气之和，道五常之行[1]，使之阳而不散，阴而不密，刚气不怒，柔气不慑，四畅交于中[2]，而发作于外，皆安其位而不相夺也；然后立之学等，广其节奏，省其文采，以绳德厚，律小大之称，比终始之序，以象事行，使亲疏、贵贱、长幼、男女之理皆形见于乐。故曰：“乐观其深矣。”

注释

①道 dǎo：引导。五常之行：仁、义、礼、智、信五种道德。

②四畅：阴、阳、刚、柔四气顺畅。

译文

因此，先王制乐依据人的性情，审核音律的度数，融合阴阳二气化生万物的和谐，遵循五常的德行，使得阳气不流散，阴气不闭塞，刚气不暴怒，柔气不退缩。阴、阳、刚、柔四种气质交融于中而表现在外，各居其所而不相互干扰。然后制定学习的进度，审查乐章文采，用以考虑德行的深厚。规范音律的高低合度，排列章节的前后次序，以象征等级伦理制度，使得亲疏、贵贱、长幼、男女的区别，都通过乐表现出来。因此说：“通过乐可以观察到更为深层的内容。”

24 土敝则草木不长，水烦则鱼鳖不大，气衰则生物不遂，世乱则礼慝而乐淫[①]。是故其声哀而不庄，乐而不安，慢易以犯节，流湎以忘本，广则容奸，狭则思欲，感条畅之气，而灭平和之德，是以君子贱之也。

注释

①慝 tè：邪恶。

译文

土地贫瘠，草木就不会生长，浑浊的水里，鱼鳖就不会长大，阴阳之气衰弱，生物就不会成熟，世道混乱，礼就会废弛而乐就放纵无拘。由于乐的放纵，所以听起来哀伤而不庄重，愉快却不安详，散漫简易而节奏混乱，流连沉溺而无所归宿，声音舒缓就包含着奸邪，声音急促就会挑拨情欲，激发民众的躁动情绪，泯灭民众的平和品行。因此，君子鄙视这种音乐。

25 凡奸声感人而逆气应之，逆气成象而淫乐兴焉。正声感人，而顺气逆之，顺气成象，而和乐兴焉①。倡和有应，回邪曲直各归其分，而万物之理各以类相动也。是故君子反情以和其志，比类以成其行。奸声乱色不留聪明，淫乐慝礼不接心术，惰慢邪辟之气不设于身体，使耳、目、鼻、口、心知、百体皆由顺正，以行其义。

注释

①和乐：儒家推崇的音乐，与“淫乐”相对。

译文

凡是受到奸邪声音感染的人，内心就会产生邪恶之气来应和，内心的邪恶之气显现出来的时候，于是淫乐就产生了。凡是受到中正声音感染的人，内心就会产生和顺之气来应和，内心的和顺之气显现出来的时候，于是和乐就产生了。一唱一和，彼此呼应，乖违与邪恶，歪曲与正直，各自回归其本分，世上万事万物都贯穿着一个普遍的道理，那就是同类相应。因此，君子回归天性以调和自己的心志，比照好的榜样以成就自己的德行。奸邪之声不听，迷乱之色不看；淫乱之乐、邪恶之礼不与心志接触，懒惰轻慢歪邪之气不让身体沾染，使耳、目、鼻、口、身体和心灵的各个部分都能沿着和顺中正之气而得到正常的发展。

26 然后发以声音，而文以琴瑟，动以干戚，饰以羽旄，从以箫管。奋至德之光，动四气之和，以著万物之理。是故清明象天，广大象地，终始象四时，周还象风雨①，五色成文而不乱，八风从律而不奸②，百度得数而有常，小大相成，终始相生，倡和清浊，迭相为经。故乐行而伦清，耳目聪明，血气和平，移风易俗，天下皆宁。故曰：“乐者，乐也。”君子乐得其道，小人乐得其欲，以道制欲，则乐而不乱，以欲忘道，则惑而不乐。

注释

①还 xuán：旋。

②八风：据王引之说：八风指八音，即金、石、丝、竹、匏、土、革、木八种不同材料制作的乐器。

译文

然后用声音表达出来，用琴瑟来演奏，用干戚来舞蹈，用羽旄来装饰，用箫管来伴奏。这样的乐能够发扬至高道德的光辉，感应四时之气的和谐，昭示天地万物的道理。因此，这样的音乐向天一样清澈，像地一样广阔，乐章终而复始像四时，乐舞回旋像风雨。五音构成音乐，像五色一样不紊乱；八种乐器和谐成律，像八风一样互不侵夺；音乐节奏的变化，像昼夜百刻一样有规律。音律的高低相辅相成，乐曲首尾呼应。唱和、清浊，相互融合。所以，这样的音乐施行了，人事伦理清明，民众会变得耳聪目明，心气平和，移风易俗，天下安宁。所以说："音乐，是让人快乐的。"君子乐在仁义之道，小人乐在满足私欲。用仁义之道节制私欲，就能快乐而不会迷乱；只顾私欲而忘记仁义之道，就会坠入迷乱而得不到真正的快乐。

27 是故君子反情以和其志，广乐以成其教，乐行而民乡方，可以观德矣。德者，性之端也。乐者，德之华也。金石丝竹，乐之器也。诗，言其志也。歌，咏其声也。舞，动其容也。三者本于心，然后乐器从之。是故情深而文明，气盛而化神，和顺积中而英华发外，唯乐不可以为伪。

译文

所以前面提到，君子回归天性以调和心志，推广乐教来完成教化，乐教推行了，民众就回归仁义之道，这样可以观察君子德行的高尚了。所谓德，是人性的发端。所谓乐，是由德开放的花朵。金石丝竹，是演奏的乐器。诗可以表达乐的精神，歌可以传达乐的声音，舞蹈可以展现乐的仪态。诗歌舞三者都是发自内心，然后以乐器配合演奏。所以，乐所表达精神，深刻而显明，气氛浓烈而使人潜移默化。和谐中正的精神蓄积于心中，音乐的精彩才能表现于外。唯有乐不可以作伪的。

28 乐者，心之动也。声者，乐之象也。文采节奏[①]，声之饰也。君子动其本，乐其象，然后治其饰。是故先鼓以警戒，三步以见方，再始以著往，复乱以饬归[②]，奋疾而不拔，极幽而不隐；独乐其志，不厌其道；备举其道，不私其欲。是故情见而义立，乐终而德尊，君子以好善，小人以听过。故曰："生民之道，乐为大焉。"

注释

①文采：据郑玄注，"文采，乐之威仪也"，指音乐的规模构架。

②乱：乐曲的结尾部分。

译文

乐，是内心感动的反映。声，是乐的表现形式。文采节奏是对声的修饰。君子的本性受到感动，便以乐来表达，然后还要讲究文采节奏。因此，演出《大武》时，要先击鼓表示警戒，舞蹈开始时先举足跺脚三次，以表示舞队行进的方向；第二段舞蹈开始时，也一样跺脚三次，表示舞队前往的方向，表现武王伐纣的两次进兵；到舞蹈终结时，再整饬舞队表示武王凯旋。舞蹈动作迅速而不紊乱，音乐意味深长而不隐晦。整个舞蹈表现了武王实现灭商之后的欣喜，又不忘仁义，它充分赞扬了仁义道德，不纵容个人私欲。所以《大武》既表达了情感，又确立了伦理。乐舞结束了，而它所宣扬的德行得到认可。君子会愈加行善，小人也会自我反省。所以说：“治民之道，乐是最重要的。”

29 乐也者，施也；礼也者，报也。乐，乐其所自生，而礼，反其所自始。乐章德，礼报情反始也。所谓大辂者[1]，天子之车也；龙旗九旒[2]，天子之旌也；青黑缘者，天子之宝龟也；从之以牛羊之群。则所以赠诸侯也。

注释

①大辂：天子所乘之车。

②龙旗九旒 liú：旗上画有龙，并且有九根飘带，飘带上皆有龙。

译文

乐，是施予；礼，是报答。乐是发自内心的欢乐，而礼是追溯其根源。乐是彰显德行，礼要报答恩情，追溯其根源。所谓大辂，是天子的车；所谓龙旗九旒，是天子的旌旗；带有青黑边缘的龟甲，是天子的宝龟；还有成群的牛羊。这些东西，是天子用来赠送给诸侯的。

30 乐也者，情之不可变者也。礼也者，理之不可易者也。乐统同，礼辨异。礼乐之说，管乎人情矣。穷本知变，乐之情也；著诚去伪，礼之经也。礼乐偩天地之情[1]，达神明之德，降兴上下之神，而凝是精粗之体[②]，领父子君臣之节。是故大人举礼乐，则天地将为昭焉。天地䜣合[③]，阴阳相得，煦妪覆育万物[④]；然后草木茂，区萌达，羽翼奋，角觡生[⑤]，蛰虫昭苏，羽者妪伏，毛者孕鬻[⑥]，胎生者不殰[⑦]，而卵生者不殈[⑧]，则乐之道归焉耳。

注释

①偩 fù：依从。②凝：凝固稳定。

③䜣 xī 合：融洽和合。

④煦妪 xùyù：抚养，天地生养万物。

孔颖达 疏："天以气煦之，地以形妪之，是天煦覆而地妪育，故言煦妪覆育万物也。"

⑤角觡 gé：骨角。此处指有角的兽类。⑥孕鬻 yù：即孕育。

⑦殰 dú：胎生动物幼子未生而死。⑧殈 xù：鸟卵未孵而裂开。

译文

乐所表达的，是情感之不可变化者；礼所表达的，是道理之不可变易者。乐重视和谐统一，礼重视区别差异。礼乐之说，贯穿了全部人的情感。穷尽人内心的根源，探求其变化规律，这是乐的本质；称扬人的真诚品德，消除虚伪的东西，这是乐的准则。礼和乐能够顺应天地的情意，通达鬼神的恩德，感动天地神灵的降临，哺育万物大小之体，调和君臣父子关系。所以圣人推行礼乐，天地就会变得光明起来。天地融合，阴阳感应，万物得到哺育。于是草木茂盛，作物萌芽，鸟儿振翅飞翔，兽类活跃，冬眠的虫子苏醒过来，鸟类孵卵，兽类受孕，胎生的不会流产，卵生的不会蛋壳破碎。这些都归功于乐。

31 乐者，非谓黄钟、大吕、弦歌、干扬也[①]，乐之末节也，故童者舞之。铺筵席，陈尊俎，列笾豆，以升降为礼者，礼之末节也，故有司掌之。乐师辨乎声诗，故北面而弦。宗祝辨乎宗庙之礼，故后尸；商祝辨乎丧礼[②]，故后主人。是故德成而上，艺成而下，行成而先，事成而后。是故先王有上有下，有先有后，然后可以有制于天下也。

注释

①黄钟、大吕：黄钟，十二律中阳律之首。大吕，十二律中阴律之首。此处用黄钟、大吕泛指音律。

②商祝：习商礼者为商祝。

译文

乐，并非是指黄钟大吕、弹琴唱歌、举盾而舞，这些不过是乐的细枝末节，所以让儿童们表演就够了。礼，也并非是指铺设筵席、陈设酒食、摆列礼器以及登堂下阶，这些只不过是礼的细枝末节，所以让职员去办就可以了。乐师只懂得声律诗句，因此职能面北操弦；宗祝只懂得宗庙中的礼节，因此只能跟在尸的后面赞助礼仪；商祝只懂得丧葬之礼，因此只能跟在孝子身后提醒礼仪。由此可知，凡是深明道理的在上，只懂得技艺的在下；深明道理的在前，只懂得技艺的在后。因为先王明白这种上下先后的道理，所以才能为天下制作礼乐。

32 魏文侯问于子夏曰①："吾端冕而听古乐②，则唯恐卧。听郑卫之音，则不知倦。敢问古乐之如彼，何也？新乐之如此，何也？"子夏对曰："今夫古乐：进旅退旅，和正以广；弦匏笙簧③，会守拊鼓④；始奏以文，复乱以武；治乱以相，讯疾以雅；君子于是语，于是道古，修身及家，平均天下，此古乐之发也。今夫新乐：进俯退俯，奸声以滥，溺而不止。及优、侏，獶杂子女⑤，不知父子；乐终不可以语，不可以道古。此新乐之发也。今君之所问者乐也，所好者音也。夫乐者，与音相近而不同。"

注释

①魏文侯：名斯，战国时期魏国的建立者。

子夏：姓卜，名商，字子夏，孔子弟子。

②端冕：身穿玄衣，头戴大冠，端冕为古代礼服。

③匏 páo：笙类管乐器。

④拊：鼓的一种，用糠填到皮囊里做成。

⑤獶：通"猱"。

译文

魏文侯向子夏问道："我穿上礼服戴上礼帽深情恭敬地听古乐，就是怕打瞌睡。要是听郑、卫之音，反而觉得不知疲倦。请问古乐让我产生那样的感觉，是什么原因？而新乐让我产生这样的感觉，又是什么原因？"子夏回答说："先说古乐：舞蹈时同进同退，整齐划一；唱歌时曲调平和中正而宽广。各种管弦乐器都在等待拊鼓的统一指挥，拊鼓一响，众乐齐作。开始时击鼓，结束时击铙。用相来调和收场的歌曲，用雅调控快速的节奏。表演结束，君子要进行一番评论，借古喻今，讲的是修身齐家治国平天下的道理。这是古乐的演奏情况。再谈新乐：舞蹈动作混乱不堪，唱歌曲调奸邪放荡，使人沉湎其中而不能自拔。还有俳优侏儒的逗乐，男女混杂，父子不分。表演结束，使人无法做出评价，更谈不上借古喻今。这是新乐的演奏情况。现在您所问的是乐，而您喜欢的是音。乐，与音相似而不相同。”

33 文侯曰：“敢问何如？”子夏对曰：“夫古者天地顺而四时当，民有德而五谷昌，疾疢不作而无妖祥[①]，此之谓大当。然后圣人作，为父子君臣，以为纪纲，纪纲既正，天下大定。天下大定，然后正六律，和五声，弦歌《诗·颂》，此之谓德音，德音之谓乐。《诗》云：‘莫其德音，其德克明。克明克类，克长克君，王此大邦，克顺克俾，俾于文王，其德靡悔。既受帝祉，施于孙子。[②]’此之谓也。今君之所好者，其溺音乎！”

注释

①疢 chèn：《说文》：“热病也。亦作疹。”

②《诗》：指《诗经·大雅·皇矣》。

《皇矣》为周人歌颂祖先开国历史的史诗。

译文

文侯说：“请问这话怎么讲？”子夏答道：“古代天地正常运行，四季风调雨顺，民众道德高尚而五谷丰登，疾病与灾祸不生，这就是太平盛世。然后圣人制定君臣父子的名分，作为人伦关系的准则。准则确定了，天下大治。天下大治，然后考证乐律，调和五声，用乐器伴奏来歌唱，创作诗篇来称扬，这就叫作‘德音’，德音才能叫作乐。《诗经》上说：‘王季的美名远播于四方，其德行能够普照天下。既能普照天下，又能施恩于民众，因此能够为人师表，能成为国君，治理天下，能够顺应民心，择善而从。到文王继位，他的德行高尚，几近完美，不仅得到上天的恩赐，还能恩泽后代。’说的就是这个道理。您喜欢的，就是叫溺音的东西吧！”

34 文侯曰：“敢问溺音何从出也[①]？”子夏对曰：“郑音好滥淫志，宋音燕女溺志[②]，卫音趋数烦志，齐音敖辟乔志[③]。此四者，皆淫于色而害于德，是以祭祀弗用也。《诗》云：‘肃雍和鸣，先祖是听[④]。’夫肃肃[⑤]，敬也；雍雍，和也。夫敬以和，何事不行？为人君者，谨其所好恶而已矣。君好之，则臣为之。上行之，则民从之。《诗》云：‘诱民孔易[⑥]。’此之谓也。然后圣人作为鼗、鼓、椌、楬、埙、篪[⑦]，此六者，德音之音也。然后钟、磬、竽、瑟以和之，干、戚、旄、狄以舞之，此所以祭先王之庙也，所以献酬酳酢也[⑧]，所以官序贵贱各得其宜也，所以示后世有尊卑长幼之序也。钟声铿，铿以立号，号以立横，横以立武。君子听钟声，则思武臣。石声磬，磬以立辨，辨以致死。君子听磬声，则思死封疆之臣。丝声哀，哀以立廉，廉以立志。君子听琴瑟之声，则思志义之臣。竹声滥，滥以立会，会以聚众。君子听竽笙箫管之声，则思畜聚之臣。鼓鼙之声讙[⑨]，讙以立动，动以进众。君子听鼓鼙之声，则思将帅之臣。君子之听音，非听其铿锵而已也，彼亦有所合之也。”

注释

①何从：即从何。

②燕：安宁。

③敖辟：傲慢怪僻。辟，同“僻”。乔：通“骄”。

④“《诗》云”二句：见《诗经·周颂·有瞽》。

⑤肃肃：此处引《诗经》而化一“肃”为“肃肃”，盖拖长声调之谓也。“雍雍”亦同。

⑥“《诗》云”句：见《诗经·大雅·板》。

⑦鼗 táo：两旁缀灵活小耳的小鼓，有柄，执柄摇动时，两耳双面击鼓作响。俗称“拨浪鼓”。椌 qiāng：即“柷”，古代一种打击乐器，像方匣子，用木头做成。楬 qià：一种木制打击乐器。埙 xūn：古代用陶土烧制的一种吹奏乐器，圆形或椭圆形，有六孔。篪 chí：古代一种用竹管制成像笛子一样的乐器，有九孔。

⑧酳酢 yìnzuò：酳，食毕饮酒漱口。酢，客人用酒回敬主人。

⑨鼙 pí：古代军中的一种小鼓。讙 huān：通“喧”。

译文

文侯又问道：“请问溺音从哪里而来呢？”子夏回答道：“郑国之音大多是男欢女爱，让人心志淫荡；宋国之音柔媚安宁，让人意志消退；卫国之音节奏急促，让人心情急躁；齐国之音傲慢奸邪，让人骄纵意满。这四者，都倾向于情欲而有损于道德，因此是不用于祭祀的。《诗经》上说：‘肃雍和鸣之音，先祖喜欢听。'所谓肃肃，是肃静之义；所谓雍雍，是和谐之义。如果能做到既肃静又和谐，还有什么事情办不成呢？作为国君，能对自己的好恶采取慎重的态度就好了。因为国君喜欢的，臣下也会跟从；国君做什么，民众也会效仿。《诗经》上说：'诱导民众是很容易的。'说的就是这个道理。然后圣人制作成鼗、鼓、椌、楬、埙、篪，这六种乐器，是能发出德音的。然后再用钟、磬、竽、瑟来伴奏，再加上手持干、戚、旄、狄的舞蹈。这样的乐可以用来祭祀先王之庙了，可以用来设宴接待宾客了，可以用来排列官位高低、身份贵贱而无不合适了，就可以警示后人，让他们明白尊卑长幼的次序了。钟声洪亮就可以发号施令，有了号令就会让人充满勇气，充满勇气就会战无不胜。因此，君子听到钟声，就会想到武将。磬声坚定，坚定之声使人明辨是非，明辨是非就会为真理献身。因此，君子听到磬声，就会想起那些为国捐躯的将士。琴瑟之声悲哀，悲哀的声音使人廉洁刚正，廉洁刚正就会矢志不渝。因此，君子听到琴瑟之声，就会想到刚正不阿之臣。管乐器之音宽广，宽广的声音让人会合，会合就会聚众。因此，君子听到管乐器的声音，就会想起善于安抚民众之臣。鼓鼙之声喧闹，喧闹之声让人激动，激动就会率众行进。因此，君子听到鼓鼙之声，就会想起将帅之臣。这样，君子听音乐，并不只是听铿锵悦耳的声音，更是要从乐声中听出一些会心的东西。"

35 宾牟贾侍坐于孔子[①]。孔子与之言，及乐。曰："夫《武》之备戒之已久[②]，何也？"对曰："病不得其众也。""咏叹之[③]，淫液之[④]，何也？"对曰："恐不逮事也。”“发扬蹈厉之已蚤[⑤]，何也？”对曰：“及时事也。”“《武》坐，致右[⑥]，宪左[⑦]，何也？”对曰：“非《武》坐也。”“声淫及商，何也？”对曰：“非《武》音也。”子曰：“若非《武》音，则何音也？”对曰：“有司失其传也。若非有司失其传，则武王之志荒矣。”子曰：“唯。丘之闻诸苌弘[⑧]，亦若吾子之言是也。”

注释

①宾牟贾：人名。姓宾牟，名贾，生平不详。

②《武》：即《大武》，表现武王伐纣的舞曲。

③咏叹：长声而歌。

④淫液：声音连绵不绝。

⑤已蚤：太早。已，太也。蚤，通“早”。

⑥致右：右膝着地。

⑦宪左：左膝仰起。

⑧苌弘：人名。字叔，又称苌叔，春秋时周大夫。传说孔子曾问乐于苌弘。

译文

宾牟贾陪坐在孔子身边，孔子与他谈话。当谈到乐时，孔子问道：“《大武》表演开始前长时间的击鼓警众，你认为象征着什么呢？”宾牟贾回答道：“象征武王开始伐纣时害怕得不到诸侯的支持。”孔子又问：“《武》的曲调漫长，绵延不断，这又象征着什么呢？”宾牟贾大道：“象征武王害怕诸侯不能按时赶到参加战斗。”孔子又问：“舞蹈一开始就雄壮地举手顿足，这又象征着什么呢？”宾牟贾答道：“这象征着抓住战机，速战速决。”孔子又问：“《武》舞的跪姿是右膝着地，左膝抬起，这又象征着什么呢？”宾牟贾答道：“您说的不是《武》舞的跪姿。”孔子又问：“《武》乐有贪图商朝政权的意思，这是为何？”宾牟贾答道：“这不是《武》乐之音。”孔子又问：“不是《武》乐之音，那是什么呢？”宾牟贾答道：“这恐怕是乐官传授是出差错了。不是乐官出差错，那是武王一时糊涂了。”孔子说：“是的。我从苌弘那里听到的，和您说的一模一样。”

36 宾牟贾起，免席而请曰：“夫《武》之备戒之已久，则既闻命矣。敢问迟之迟而又久，何也？”子曰：“居，吾语女。夫乐者，象成者也。揔干而山立[①]，武王之事也。发扬蹈厉，大公之志也[②]。《武》乱皆坐，周召之治也[③]。且夫《武》，始而北出，再成而灭商，三成而南，四成而南国是疆，五成而分，周公左，召公右，六成复缀，以崇天子。夹振之而驷伐[④]，盛威于中国也；分夹而进，事蚤济也；久立于缀，以待诸侯之至也。且女独未闻牧野之语乎[⑤]？武王克殷，反商[⑥]，未及下车，而封黄帝之后于蓟[⑦]，封帝尧之后于祝[⑧]，封帝舜之后于陈[⑨]；下车而封夏后氏之后于杞，投殷之后于宋，封王子比干之墓[⑩]，释箕子之囚[⑪]，使之行商容而复其位；庶民弛政，庶士倍禄；济河而西，马散之华山之阳而弗复乘，牛散之桃林之野而弗复服[⑫]，车甲衅而藏之府库而弗复用，倒载干戈，包之以虎皮，将帅之士使为诸侯，名之曰‘建櫜’[⑬]。然后天下知武王之不复用兵也。散军而郊射：左射，《狸首》[⑭]；右射，《驺虞》[⑮]；而贯革之射息也。裨冕[⑯]，搢笏[⑰]，而虎贲之士脱剑也。祀乎明堂，而民知孝。朝觐，然后诸侯知所以臣。耕藉，然后诸侯知所以敬。五者，天下之大教也。食三老五更于大学⑱，天子袒而割牲，执酱而馈，执爵而酳，冕而揔干，所以教诸侯之悌也。若此，则周道四达，礼乐交通，则夫《武》之迟久，不亦宜乎！”

注释

①揔 zǒng：持，执。干：盾牌。

②大公：即吕尚，姜姓，字子牙，被尊称为太公望，后人多称其为姜子牙、姜太公。

③周召 shào：即周公和召公。周公，姓姬名旦，周文王姬昌第四子。因封地在周（今陕西岐山北），故称周公或周公旦。召公，姓姬名奭 shì，周武王之弟。

因最初采邑在召（今陕西岐山西南），故称召公或召伯。

④驷伐：驷，通“四”。伐，一击一刺为一伐。

⑤牧野之语：指《牧誓》。

⑥反：当为“及”之误。

⑦蓟：古地名。今北京西南。

⑧祝：古国名。在今山东长清县东北。

⑨陈：古国名。在今河南淮阳一带。

⑩比干：纣王叔父。因屡次进谏被杀。

⑪箕子：纣王叔父。因屡次进谏遭囚禁。

⑫桃林：古地名。在华山旁。服：用牛、马驾车。

⑬建橐 gāo：把兵器装到口袋里。建，通“键”。锁闭。橐，收藏兵器的袋子。

⑭《狸首》：行郊射礼时唱的诗歌。已佚。

⑮《驺虞》：《诗经·召南》篇名。

⑯裨 bì 冕：礼服礼冠。

⑰搢 jìn 笏：笏插于腰带。

⑱食三老五更于大学：天子以父兄之礼侍奉三老、五更，意在为诸侯做出孝悌的榜样。

译文

宾牟贾站起了，离开席位，恭敬地问道："关于《武》乐开始前为什么要长时间击鼓警众等多个问题，已经请教了。舞者每表演完一节都要亮相好久，请问这象征着什么呢？"孔子说："请坐，听我给你讲。首先要知道，乐，象征已经完成之事。从《武》的细节上讲，舞者手持盾牌，稳如泰山，这象征武王的威严之容。舞者举手顿足，威武雄壮，这象征必胜的决心。《武》舞到最后演员都跪下了，这象征周公、召公的文治代替武功。再从《武》的表演过程来说，第一节象征武王北出孟津等待诸侯会合，第二节象征武王灭商，第三节挥师向南，第四节象征南国归入版图，第五节舞者分为两列，这象征周公和召公一左一右共同辅佐天子，第六节舞者回归表演开始时的位置，这象征诸侯凯旋，尊崇武王。在表演的过程中，舞队两侧各有一人摇动铎铃，象征天子的舞者用戈矛四度击刺，这显示军威雄壮，威震中国；舞者像将帅部署军队，又摇动铎铃夹队而进，这象征早一点渡河伐纣。舞者站在原地不动，这象征武王等待各路诸侯的到来。再说，你难道没有听到对《武》乐的评论吗？武王击败了殷纣王，来到殷都，还没有下车，就把黄帝的后代封于蓟，把帝尧的后代封于祝，把帝舜的后代封于陈。下车后，把夏禹的后代封于杞，把商汤的后代封于宋，修整了比干的坟墓，把箕子从牢中释放出来，让他看望商容并恢复商容的官职。为民众废除殷纣王时期的苛政，为庶士成倍地增加俸禄。然后渡过黄河向西，把马放牧于华山南面，表示不再用来拉战车；把牛放牧于有桃林的原野，表示不再役使它们。把兵车铠甲存入仓库，表示不再使用了。把干戈等武器倒放，用虎皮包裹起来。把将帅封为诸侯，将这称为‘闭藏兵甲’。这样，普天之下都知道武王不用兵了。解散了军队，在郊外举行射箭比赛。诸侯在东郊习射时，奏《狸首》之曲；天子在西郊习射时，奏《驺虞》之曲。战场上穿透铠甲的射击停止了。大家都穿上礼服，戴上礼帽，腰插笏版，而勇士也不带佩剑了。天子在明堂祭祀祖先，而民众也懂得孝道了。诸侯定期朝拜天子，诸侯就懂得怎样做臣子。天子亲自耕种，诸侯就知道怎样敬祖了。这五件事，是对天下教化的重要举措。在太学中宴请三老、五更，天子解开衣襟亲自切肉，捧着酱请他们吃，端起酒请他们漱口，还头戴礼帽，手持盾牌，为他们起舞。这是为诸侯示范怎样敬老养老。像这样，周代的教化普及四海，礼乐得到了贯彻，这并不是一朝一夕之功，由此看来，舞者每表演完一节要亮相好久，不就是理所当然的吗？”

37 君子曰：礼乐不可斯须去身。致乐以治心，则易直子谅之心油然生矣[①]，易直子谅之心生则乐，乐则安，安则久，久则天，天则神，天则不言而信，神则不怒而威。致乐以治心者也。致礼以治躬则庄敬，庄敬则严威。心中斯须不和不乐，而鄙诈之心入之矣。外貌斯须不庄不敬，而易慢之心入之矣。故乐也者，动于内者也；礼也者，动于外者也。乐极和，礼极顺，内和而外顺，则民瞻其颜色而弗与争也，望其容貌而民不生易慢焉。故德辉动于内[②]，而民莫不承听；理发诸外，而民莫不承顺。故曰：致礼乐之道，举而错之天下[3]，无难矣。

注释

①子：慈爱。

②德辉：道德光辉。

③错：通“措”。

译文

君子说：礼乐不可片刻离身。深切体会乐的作用并用以陶冶内心，平易正直慈爱诚信之心就会自然而然地产生。有了平易正直慈爱诚信之心就自然感到快乐，感到快乐就会心神安宁，心神安宁就会生命长久，时间久了就会信之如天，惧之如神。这就像天虽不言，而四季的循环从不间断；神虽不怒，而人人敬畏。这就是深切体会乐的作用进而陶冶内心的结果。深切体会礼的作用进而整饬自身的外表，就会给人以庄重恭敬之感，这种庄重恭敬之感会使人感到威严。如果内心有片刻的不和不乐，卑鄙诈伪的念头就会乘虚而入；如果外表有片刻的不庄不敬，轻慢惰怠的心态就会乘虚而入。所以说，乐是影响人的内心的；礼影响人的外表的。乐追求的目标在于和悦，礼追求的目标在于和顺。内心和悦而外貌恭顺，那么民众只要看到他的脸色就不会与他争执了，只要看到他的外表就不敢轻慢他了。因此，道德的光辉焕发自内心，而民众就没有不听从的，情理体现在外表，民众就没有不顺从的。所以说：深切体会礼乐的道理，并用以治理天下，就没有什么困难的事情了。

38 乐也者，动于内者也。礼也者，动于外者也。故礼主其减，乐主其盈。礼减而进，以进为文[①]；乐盈而反，以反为文。礼减而不进则销，乐盈而不反则放。故礼有报，而乐有反。礼得其报则乐，乐得其所则安。礼之报，乐之反，其义一也。

注释

①文：美善。

译文

乐，是影响到人的内心；礼，是影响人的外表的。因此礼重在谦逊退让，乐重在丰富充实。礼虽重在谦让，但也要自我激励，以自我激励为美；乐虽重在丰富充实，但要自我控制，以自控为美。礼由于谦让过度而导致礼数有损。乐由于充实过度而导致放纵。所以礼讲究自我激励，乐讲究自我控制。礼做到了自我激励就会感到喜悦，乐做到自我控制就会感到安宁。礼的自我激励，乐的自我控制，都要做到恰如其分，因此，两者的道理是一样的。

39 夫乐者，乐也，人情之所不能免也。乐必发于声音，形于动静，人之道也。声音、动静，性术之变，尽于此矣。故人不耐无乐[①]，乐不耐无形，形而不为道，不耐无乱。先王耻其乱，故制《雅》《颂》之声以道之[②]，使其声足乐而不流，使其文足论而不息，使其曲直、繁瘠[③]、廉肉、节奏足以感动人之善心而已矣，不使放心邪气得接焉。是先王立乐之方也。是故乐在宗庙之中，君臣上下同听之，则莫不和敬；在族长乡里之中，长幼同听之，则莫不和顺；在闺门之内，父子兄弟同听之，则莫不和亲。故乐者，审一以定和，比物以饰节[④]，节奏合以成文，所以合和父子君臣、附亲万民也。是先王立乐之方也。故听其《雅》《颂》之声，志意得广焉；执其干戚，习其俯仰诎伸，容貌得庄焉；行其缀兆，要其节奏，行列得正焉，进退得齐焉。故乐者，天地之命，中和之纪，人情之所不能免也。

注释

①耐：古“能”字。

②道：引导。

③繁瘠：据王引之说当为“繁省”，即繁杂或简单。

④比物：配合乐器。

译文

音乐，是使人快乐的，这是人之常情，在所难免。人遇到快乐的事，一定要通过声音来表示，一定要表现于动作，这也是人之常情。表达人的心情变化的手段，不外乎两点，那就是声音和动作。因此，人不能没有音乐，音乐又不能不通过声音和动作表现出来，对于这种现象不加以疏导，就会出现动乱。先王以为动乱是耻辱的，所以专门制定了《雅》《颂》之乐加以疏导，使其声调足以让人感到快乐而不放荡，使吟唱的歌词使人领悟而不致塞窒，使其声调的曲折与平直、复杂与简单、刚毅与柔和、急促与舒缓足以感人就行了，不要使放纵与邪恶之念影响人心。这是先王之乐的准则。所以这样的音乐，如果在宗庙之中演奏，君臣共同来听，就无不和谐敬慕；在地方上演奏，长幼共同来听，就无不和洽顺从；在室内演奏，父子兄弟共同来听，就无不相亲相爱。这样的音乐，是确定一个基调以定调和之音，再配上各种乐器表现其节奏，视节奏合为乐章，就能使父子、君臣各安其位，和谐共处，使普天之下的民众亲附。这是先王制乐的准则。听着《雅》《颂》之声，纯正的思想就会充满脑海；手持盾斧一类的道具，练习舞蹈的俯仰屈伸姿势，容貌就会变得庄重。按照确定的舞位行进，以与乐曲的节奏取得一致，行列就很规矩，进退就很整齐。因此，乐可以说是天地之间最能和合的东西，是调和世界万物的纲纪，是人情不可或缺的东西。

40 夫乐者，先王之所以饰喜也①；军旅铁钺者②，先王之所以饰怒也。故先王之喜怒，皆得其侪焉③：喜则天下和之，怒则暴乱者畏之。先王之道，礼乐可谓盛矣！

注释

①饰喜：表达喜悦。

②铁钺：古代军法行刑用的斧子。

③侪 chái：同辈。

译文

乐，是先王用来表示喜悦的；军队和刑罚，是先王用来表示愤怒的。因此先王的喜悦与愤怒，都找到了相应的表现手段：先王喜悦，则民众也跟着高兴；先王愤怒，则暴乱之徒就会畏惧。先王的治国之道，礼乐起到了举足轻重的作用。

41 子赣见师乙而问焉[①]，曰："赐闻声歌各有宜也。如赐者宜何歌也？"师乙曰："乙，贱工也，何足以问所宜？请诵其所闻，而吾子自执焉。宽而静、柔而正者，宜歌《颂》。广大而静、疏达而信者，宜歌《大雅》。恭俭而好礼者，宜歌《小雅》。正直而静、廉而谦者，宜歌《风》。肆直而慈爱者，宜歌《商》。温良而能断者，宜歌《齐》。夫歌者，直己而陈德也，动己而天地应焉，四时和焉，星辰理焉，万物育焉。故《商》者，五帝之遗声也，商人识之[②]，故谓之商。《齐》者，三代之遗声也，齐人识之，故谓之《齐》。明乎《商》之音者，临事而屡断。明乎《齐》之音者，见利而让。临事而屡断，勇也。见利而让，义也。有勇有义，非歌孰能保此？故歌者上如抗，下如队[③]，曲如折，止如槁木，倨中矩[④]，句中钩[⑤]，累累乎端如贯珠。故歌之为言也，长言之也。说之，故言之；言之不足，故长言之；长言之不足，故嗟叹之；嗟叹之不足，故不知手之舞之、足之蹈之也。"

——《子贡问乐》[⑥]

注释

①子赣：即子贡。姓端木，名赐。孔子弟子。

②识：记住。

③队：同“坠”。

④中：合乎。

⑤句：同“勾”。钩：圆规。

⑥《子贡问乐》：原为本篇篇题。古书篇题均在卷末，其余十篇原本都有。《乐记》传述者合十一篇为一篇，故删去各篇篇名，独本篇存。

译文

子贡去拜访师乙并向他请教，说：“我听说唱歌要适宜每个人的性格。像我这样的适合唱什么歌？”师乙回答说：“我是一个卑微的乐工，哪有资格回答您的问题呢！我只能告诉您一些我了解的情况，听了以后，您自己做出判断。宽厚安静、柔和正直的人，适宜唱《颂》。志向远大、疏朗通达的人，适宜唱《大雅》。恭敬节俭而好礼的人，适合唱《小雅》。正直而安静、廉洁而谦逊的人，适合唱《国风》。率直而慈爱的人，适合唱《商》。温良而果断的人，适合唱《齐》。唱歌就是直接表达自己的情感，展现自己的品行。自己在唱歌时，感觉天地在应和，阴阳和顺，星辰按序运行，万物各得其所。《商》是五帝遗传下来的歌曲，由于商人把它记录下了，因此叫作《商》。《齐》是三王遗传下来的歌曲，由于齐人把它记录下了，因此叫作《齐》。理解《商》的真谛的人，遇事总能果断处理。理解《齐》的真谛的人，能够见利而谦让。遇事果断，这是勇的变现；能够见利而谦让，这是义的表现。这种有勇有义的人，如果不通过歌声表达出来，谁会知道？就歌者的旋律的变化来说，或上扬而高亢，或下降而低沉，或曲折如物之折断那般干脆，或停顿如枯树般寂静，平直之音合乎曲尺，回环之音合乎圆规，连绵之音像一串串珍珠。因此唱歌也是说话，不过拉长了声调罢了。心中高兴，就想说话；说话不足以表达喜悦，就拖长声调来说；拖长声调还不足以表达，那就加上咏叹吁嗟；咏叹吁嗟还不足以表达，那就情不自禁地手舞足蹈。”

以上是《子贡问乐》篇。

祭　义

题解

郑玄云:“名曰‘祭义’者,以记其祭祀、斋戒、荐羞之义也。”本篇进一步阐明祭礼之礼的含义，同时阐发孝悌祭先之道，养老尊长之义。此外还论述了礼乐对人的心性修养的意义。

1 祭不欲数,数则烦,烦则不敬。祭不欲疏,疏则怠,怠则忘。是故君子合诸天道，春禘秋尝[①]。秋，霜露既降，君子履之，必有凄怆之心，非其寒之谓也。春，雨露既濡[②]，君子履之，必有怵惕之心[③]，如将见之。乐以迎来，哀以送往，故禘有乐而尝无乐。

注释

①禘：当是“礿”之讹误。帝王或诸侯在始祖庙里对祖先的一种盛大祭祀。

②濡：滋润。③怵惕 chùtì：震惊恐惧。

译文

祭祀不能太频繁，太频繁就会使人感到厌烦，厌烦就是对神灵不恭敬了。祭祀也不能太稀疏，太稀疏就会懈怠，懈怠就是对神灵遗忘。所以君子配合天道的运行而祭祀，春天礿祭，秋天尝祭。秋天到了，霜露覆盖大地，君子走在上面，必然有一种凄凉悲怆的心情，这并不是天气寒冷的缘故。春天到了，雨水滋润大地，君子走在上面，必然有一种震惊的心情，好像就要见到逝去的亲人一样。高兴地迎接亲人的到来，悲哀地送别亲人的离去，因此，春天的禘祭有乐舞，而秋天的尝祭没有乐舞。

2 致齐于内①，散齐于外。齐之日，思其居处，思其笑语，思其志意，思其所乐，思其所嗜。齐三日，乃见其所为齐者。祭之日，入室，僾然必有见乎其位②；周还出户，肃然必有闻乎其容声；出户而听，忾然必有闻乎其叹息之声。是故先王之孝也，色不忘乎目，声不绝乎耳，心志嗜欲不忘乎心；致爱则存，致悫则著③，著存不忘乎心，夫安得不敬乎？

注释

①齐：同“斋”。下同。

②僾 ài：依稀，模糊。

③悫 què：诚实，谨慎。

译文

致斋三天，必须在斋宫内进行。散斋七天，可以在斋宫外进行。致斋时要思念死者生前的起居、笑语、志向、爱好、嗜好。散斋七天，心中就能浮现出所要祭祀亲人的形貌。祭祀那天，进入庙堂中时，依稀好像看到了亲人安坐在神位上。祭完转身出门时，就好像突然听到亲人说话的声音。出了门以后，耳边好像还有亲人长叹的声音。所以往昔先王孝敬亲人，亲人的容貌时刻浮现在眼前，亲人的声音一直回响在耳边，亲人的心意和嗜好一直铭记在心里。对亲人爱到极致，所以亲人的形象一直存在心里。对亲人虔诚到了极致，所以亲人的形象非常显著。亲人显著的形象在心中一直保存，不会忘记，怎能对他们不恭敬呢?

3 君子生则敬养，死则敬享，思终身弗辱也[①]。君子有终身之丧，忌日之谓也。忌日不用，非不祥也，言夫日志有所至，而不敢尽其私也。

注释

①弗辱：不蒙受耻辱。

译文

君子在父母在世时就恭敬地奉养，去世后就恭敬地祭祀他们，而且要时时考虑终身不会辱没父母的名声。所谓君子有终身之丧，这说的是每年父母的忌日。每逢忌日那天，什么也不做，并不是这一天不吉利，而是那天非常思念父母，所以没有心思去做其他的私事。

4 唯圣人能飨帝[①]，孝子为能飨亲。飨者，乡也[②]，乡之，然后能飨焉。是故孝子临尸而不怍。君牵牲，夫人奠盎；君献尸，夫人荐豆；卿大夫相君，命妇相夫人。齐齐乎其敬也，愉愉乎其忠也，勿勿诸其欲其飨之也!

注释

①飨 xiǎng：祭祀。

②乡：通“向”。

译文

只有圣人才能真诚地祭祀天帝，只有孝子才能真诚地祭祀父母。飨，就是“向”的意思，诚心相向，才能使神灵接受飨祭。因此，孝子在代死者受祭的尸面前总是和颜悦色。祭祀时，国君牵着祭牲，妇人端着盎齐之酒一并献上。国君亲自献酒给代死者受祭的尸，夫人也随之献豆给尸。卿大夫协助国君，并且让妇人协助夫人。整个祭祀场面齐整而又严肃，和悦而又忠诚，心情急迫地希望神灵享用祭品。

5 文王之祭也，事死者如事生，思死者如不欲生，忌日必哀，称讳如见亲。祀之忠也，如见亲之所爱，如欲色然，其文王与！《诗》云：“明发不寐，有怀二人。①”文王之诗也。祭之明日，明发不寐②，飨而致之，又从而思之。祭之日，乐与哀半，飨之必乐，已至必哀。

注释

①“《诗》云”二句：见《诗经·小雅·小宛》。

②明发：天明。

译文

文王举行祭祀时，敬待死者就像侍奉死者一样，思念死者简直就像不想活下去的样子，每逢忌日，必定悲哀，提到父母的名讳就像见到他们一样。祭祀的忠诚，就如同见到了父母喜爱的东西，如同见到了父母满意的神色，这样做恐怕只有文王吧。《诗经》上说："直到天亮还不睡，是思念父母的缘故。"说的就是文王吧。正祭的第二天，直到天亮还睡不着，飨祭时又将父母神灵请来，祭祀后又思念不止。祭祀那天，欢喜与悲哀参半，飨祭父母是欢欣的，祭完后又感到哀伤。

6 仲尼尝①，奉荐而进，其亲也悫，其行也趋趋以数。已祭，子赣问曰："子之言'祭，济济漆漆然'②，今子之祭，无济济漆漆，何也？"子曰："济济者，容也，远也；漆漆者，容也，自反也。容以远，若容以自反也，夫何神明之及交？夫何济济漆漆之有乎？反馈乐成，荐其荐俎，序其礼乐，备其百官，君子致其济济漆漆，夫何慌惚之有乎？夫言岂一端而已，夫各有所当也。"

注释

①尝：秋季尝新之祭。

②济济 qíqí：庄严整齐的样子。漆漆 qièqiè：恭敬谨慎的样子。

译文

孔子在秋天举行秋祭，亲自奉献祭品，他的神态真诚质朴，走起路来非常急促。祭后，门人子赣问到："您说过'祭祀时要庄严谨慎'，今天您的祭祀却不讲究庄严谨慎，这是为什么呢？"孔子说："仪表庄重，那是与神疏远的样子。神态谨慎，那是自我矜持的样子。与神疏远的样子再加上自我矜持的样子，怎么和神灵跟通呢？亲自祭祀父母，还需要什么济济漆漆的样子？天子诸侯的祭祀，行祭后返回庙室中行馈食礼，音乐响起，一道道菜肴端了上来，按次序举礼乐，百官各就各位，助祭的君子，在这种场合自然表现得庄严谨慎，怎么还能达到与神明交往的恍惚的境界呢？祭礼怎么能看成一方面呢？主人和助祭的宾客各自应该有自己应当有神态。"

7 孝子将祭，虑事不可以不豫①；比时具物，不可以不备；虚中以治之②。宫室既修，墙屋既设，百物既备，夫妇齐戒，沐浴、盛服，奉承而进之，洞洞乎③，属属乎④，如弗胜，如将失之，其孝敬之心至也与！荐其荐俎，序其礼乐，备其百官，奉承而进之，于是谕其志意，以其慌惚以与神明交，庶或飨之，庶或飨之！孝子之志也！

注释

①豫：预先考虑。

②虚中：心中没有杂念。

③洞洞：虔敬的样子。

④属属：忠诚的样子。

译文

孝子将要举行祭祀，相关的事情一定要提前考虑。及时准备祭祀的用物，不可以不完备。要心中没有杂念来准备这些事情。宫室已经修缮完备，各房间已经布置好，百物筹办齐备后，夫妇斋戒沐浴、衣冠整齐，手捧祭品而进献，进献时虔敬忠诚，好像把持不住物品，快要失手的样子，这是孝敬的心情达到了极致吧。一道道菜肴端了上来，按次序序举礼乐，百官各就各位，捧着各种物品而进献，此时此刻，通过祝福表达孝子的心意，在这恍惚的境遇中好像和神明交感了，可能神明在享用祭品，希望神明享用祭品！这是孝子的心意啊！

8 孝子之祭也，尽其悫而悫焉，尽其信而信焉，尽其敬而敬焉，尽其礼而不过失焉。进退必敬，如亲听命，则或使之也。孝子之祭可知也：其立之也，敬以诎；其进之也，敬以愉；其荐之也，敬以欲。退而立，如将受命；已撤而退，敬齐之色不绝于面。孝子之祭也：立而不诎，固也①；进而不愉，疏也；荐而不欲，不爱也；退立而不如受命，敖也；已撤而退，无敬齐之色，而忘本也。如是而祭，失之矣。

注释

①固：固陋不知礼。

译文

孝子的祭祀要竭尽诚心以显现其真诚，要竭尽其诚信而体现其诚信，要竭尽其恭敬以表现其恭敬，要竭尽其礼节二不发成过失。进退举止都表现的毕恭毕敬，就好像真的听到了神明的讲话，有什么要让自己做似的。孝子的祭祀是可以知晓的：他站立的时候，身体向前弯曲表示恭敬。捧着祭品向前走的时候,要和颜悦色以表示恭敬。奉献祭品时，以希望神明享用祭品的心情表示真诚恭敬。退下来时，继续保持站立，好像倾听神明的吩咐。祭后，撤下祭品的时候，恭敬庄重的脸色还保持在脸上。孝子在祭祀时，站立但身体不向前弯曲，这就显得固陋不知礼。捧着祭品向前走的时候，不是和颜悦色，这就显得对神明疏忽大意了。进献祭品时，却没有希望神明享用祭品的心情，这就显得对神明不够敬爱。退回原位时，不像在倾听神明的吩咐，那就显得对神明傲慢了。撤下祭品的时，却没有保持恭敬庄重的脸色，这就显得忘本了。如果是这样的祭祀，那就失去其本来的意义了。

9 孝子之有深爱者，必有和气；有和气者，必有愉色；有愉色者，必有婉容。孝子如执玉，如奉盈，洞洞属属然如弗胜，如将失之。严威俨恪，非所以事亲也，成人之道也①。

注释

①成人之道：郑玄注："然则孝子不失其孺子之心也。"

译文

孝子如果对亲人有深深的爱，心中必然充满和顺之气；心中充满和顺之气，就必然会有愉悦的脸色；有愉悦的脸色，就必然会有婉顺的仪容。孝子在祭祀时，就好像手捧贵重的玉器，像手端满杯的水一样，恭恭敬敬，那份真诚，好像拿不动，又好像怕失去它似的。威严庄重的样子，不是用来侍奉父母的，那只是成人的仪容形态。

10 先王之所以治天下者五：贵有德，贵贵，贵老，敬长，慈幼。此五者，先王之所以定天下也。贵有德，何为也？为其近于道也。贵贵，为其近于君也。贵老，为其近于亲也。敬长，为其近于兄也。慈幼，为其近于子也。是故至孝近乎王，至弟近乎霸[①]。至孝近乎王，虽天子必有父。至弟近乎霸，虽诸侯必有兄。先王之教，因而弗改，所以领天下国家也。

注释

①弟：同“悌”。

译文

先王用来治理天下的原则有五条：尊重有德的人，尊重地位高贵的人，尊重老年人，敬重年长的人，爱护孩子。这五个原则，就是先王能够安定天下的原因。尊重有德的人，这是为什么呢？因为有德的人最贴近天道人情。尊重地位高贵的人，因为地位高贵的人最靠近国君。尊重老年人，因为老人近似自己的父母。敬重年长的人，因为年长的人近似自己的兄长。爱护孩子，因为孩童近乎自己的子女。所以，最孝顺的人最接近天下归心的帝王，最友爱兄弟的人最接近四方归顺的霸主。说最孝顺的人最接近天下归心的帝王，这是因为天子也有自己的父母。说最友爱兄弟的人最接近四方归顺的霸主，这是因为一方的霸主也有自己的兄长。对于先王的教化，后世遵循不改，就可以领导天下国家。

11 子曰："立爱自亲始，教民睦也。立敬自长始，教民顺也。教以慈睦，而民贵有亲。教以敬长，而民贵用命。孝以事亲，顺以听命，错诸天下①，无所不行。"

注释

①错：通"措"。施行。

译文

孔子说："人君欲立爱于天下，就应当教育人民首先爱自己的父母，这样就可以使人民和睦相处。人君确立敬心，就要先教育人民敬爱长者，这样才能使人民恭顺。教育人民慈爱和睦，人民就会重视自己的父母。教育人民恭敬长者，人民就会注重服从命令。以诚挚的孝心侍奉父母，以恭敬的态度服从命令，将这两点施行于天下所有的地方，没有行不通的。"

12 郊之祭也，丧者不敢哭，凶服者不敢入国门，敬之至也。祭之日，君牵牲，穆答君[①]，卿、大夫序从。既入庙门，丽于碑[②]；卿、大夫袒，而毛牛尚耳；鸾刀以刲[③]，取膟膋[④]，乃退；爓祭[⑤]，祭腥，而退，敬之至也。

注释

①穆：国君的嗣子。

②丽：系也。

③刲 kuí：割取。

④膟膋 lǜliáo：膟，牲血。膋，肠间脂肪。

⑤爓 yàn：古代在热汤里煮至半熟用于祭祀的肉。

译文

天子南郊祭天，有丧事的人家不得号哭，穿丧服的人不敢进入国门，这是恭敬到了极点。祭祀那天，国君亲自牵着上牲，嗣子协助国君，卿、大夫按照次序跟着。已经进入庙门后，把祭牲拴在庙里的碑上。卿、大夫袒露左臂，割取牛毛，以耳毛为上，用以进献神灵。再用鸾刀剖开牲体，取牲血和肠间脂肪进献，然后退下。接着再用煮得半熟的肉进献，随后再用生肉进献，而后退下，这也是恭敬到了极点。

13 郊之祭，大报天而主日，配以月。夏后氏祭其闇[①]，殷人祭其阳[②]。周人祭日，以朝及闇[③]。祭日于坛，祭月于坎，以别幽明，以制上下。祭日于东，祭月于西，以别外内，以端其位。日出于东，月生于西，阴阳长短，终始相巡，以致天下之和。

注释

①闇：通“暗”。黄昏时。

②阳：日中时。

③朝：日出时。

译文

南郊祭天，是为了报答上天诸神，尤其是报答日神，而以月神为配享。夏人在黄昏时分祭天，殷人在日中时分祭天，周人在日出时祭天直到黄昏时。祭日神要在坛上进行，祭月神要在坎中进行，这是为了区别幽暗和光明，制定上下的分界。祭日神是在东方，祭月神是在西方，这是为了区别内外，端正各自的位置。太阳从东方升起，月亮从西方出来，日月阴阳，昼夜长短，日月始终相互循行，以导致天下的和谐。

14 天下之礼，致反始也[①]，致鬼神也[②]，致和用也[③]，致义也，致让也。致反始，以厚其本也。致鬼神，以尊上也。致物用，以立民纪也。致义，则上下不悖逆矣。致让，以去争也。合此五者以治天下之礼也，虽有奇邪而不治者，则微矣。

注释

①致反始：达于本始。致，至也。

②鬼神：祖先。

③和用：即下文的“物用”。郑玄注：“物，犹事也。变‘和’言‘物’，互之也。”

译文

天下的礼有这么几种，一是让人们追怀初始，二是让人们敬事鬼神，三是让人们利用物产，四是让人们树立道义，五是让人们互相辞让。追怀初始，可以加厚做人的根基。敬事鬼神，可以加强尊上的念头。利用物产，可以建立民众纲纪。树立道义，可以理顺上下的关系位置。互相辞让，可以消除争夺冲突。能综合运用这五点治理天下之礼，即使有奸邪不能治理的事，也是微乎其微了。

15 宰我曰①："吾闻鬼神之名，不知其所谓。"子曰："气也者，神之盛也。魄也者，鬼之盛也。合鬼与神，教之至也。众生必死，死必归土，此之谓鬼。骨肉毙于下②，阴为野土。其气发扬于上为昭明，焄蒿凄怆③，此百物之精也，神之著也。因物之精，制为之极，明命鬼神，以为黔首则，百众以畏，万民以服。圣人以是为未足也，筑为宫室，设为宗祧④，以别亲疏远迩⑤；教民反古复始，不忘其所由生也。众之服自此，故听且速也。二端既立⑥，报以二礼⑦。建设朝事，燔燎膻芗⑧，见以萧光⑨，以报气也。此教众反始也。荐黍稷，羞肝肺首心，见间以侠甒⑩，加以郁鬯⑪，以报魄也。教民相爱，上下用情，礼之至也。"

注释

①宰我：孔子弟子，字子我，春秋时期鲁国人。

②毙：通"弊"。腐烂败坏。

③焄 xūn：古同“熏”。气味。蒿：气散发的样子。

④宗祧 tiāo：宗庙和祧庙。近祖的神主在宗庙，而对世数远隔之祖，依制将其神主迁入远祖之庙，即祧庙。

⑤迩：近。

⑥二端：指上文的“气”与“魄”。尊称之，则气曰神，魄曰鬼。

⑦二礼：即报气、报魄之礼。就是下文的“设朝事”“荐黍稷”两种祭礼。

⑧膻芗 shānxiāng：膻，羊肉的气味。芗，泛指香气。

⑨萧光：祭祀时燃艾蒿所生之香气。郑玄注：“光，犹气也。”

⑩ 侠甒 wǔ：指两甒醴酒。甒，酒器之名。侠，通“夹”。郑玄注：“𫍢以侠甒，谓杂之两甒醴酒也。”

⑪ 郁鬯：郁金香草汁酿制的香酒。

译文

宰我说：“我常听说鬼神的名字，就是不知其真实含义。”孔子回答说：“气是神盛极而生的。魄是鬼盛极而生的。合鬼神而祭祀，是圣人教化的极致。芸芸众生必然都会死亡，死后必然归于土中，这就叫作鬼。骨肉在土地下腐烂败坏，成为土壤。而其发扬浮动在上面，成为各种可见的昭明的影子，还发出各种可以闻到的气味，令人凄怆伤感，这是百物的精灵，这是神的显著体现。依照百物的精灵，制定出极为尊贵的称呼，明确地命名为鬼神，作为庶民遵从的规范，让百姓畏惧，让万民敬服。圣人认为这样做还不够，于是建造宫室，设置宗庙和祧庙，用来区别亲疏远近。教导人们追怀往古，回归本始，不忘其从何而来。大家信服这种教导，很快就听从了。鬼神的名称确立之后，于是又制定了两种礼节来报答鬼神。一是设置朝事之礼，把牲血和肠间脂肪放在火上烧烤，发出膻味、香味，这多种气味是为了报答气也就是神的。这就是教育人们要回归本始。进献黍稷，又献上肝肺首心，并献上两甒醴酒，再加上鬯酒，这是为了报答魄也就是鬼的。这是教导人们互相相爱，上下以情相处，这可以说是礼的极致。”

16“君子反古复始，不忘其所由生也，是以致其敬，发其情，竭力从事以报其亲，不敢弗尽也。是故昔者天子为藉千亩，冕而朱纮[①]，躬秉耒[②]。诸侯为藉百亩，冕而青纮，躬秉耒。以事天地、山川、社稷、先古，以为醴酪齐盛[③]，于是乎取之，敬之至也。”

注释

①纮 hóng：古代冠冕上的带子，由颌下向上系于笄，垂余者为缨。

②耒 lěi：古代的一种翻土农具，形如木叉，上有曲柄，下面是犁头，用以松土，可看作犁的前身。

③齐：通“粢”zī。

译文

“君子追怀远古回归本始，是不忘自己从何而来，所以要表达敬意，抒发感情，竭力做事以报答亲人，不敢不尽心尽力。所以从前天子有籍田千亩，戴着缀有红色帽带的礼帽，亲自执翻土农具耕地。诸侯有田百亩，戴着缀有青色帽带的礼帽，亲自执翻土农具耕地。用来祭祀天地、山川、社稷、先祖，醴酒熟食全都来自籍田的收入，这是至诚至敬的表现。”

17“古者天子诸侯必有养兽之官，及岁时，齐戒沐浴而躬朝之，牺牷祭牲必于是取之，敬之至也。君召牛，纳而视之，择其毛而卜之，吉，然后养之。君皮弁素积[①]，朔月、月半君巡牲[②]，所以致力，孝之至也。”

注释

①皮弁：古代天子视朝、诸侯告朔所著之衣，以白缯为之。也称“缟衣”。郑玄注：“皮弁服者，视朔之服。”
素积：亦作“素绩”。腰间有褶裥的素裳，是古代的一种礼服。

②朔月：初一。

译文

“古时候天子诸侯都专门设有养兽之官，每到一年的一定时间，天子诸侯斋戒沐浴后，亲自巡视祭牲，毛色纯正、肢体完整的祭牲必定从这里选取，这是对祭祀至诚至敬。国君让人择牛牵来，亲自察看，选取毛色品相好的牛进行占卜，卜得吉兆，然后加以特别喂养。国君身穿皮弁礼服于每月初一、十五亲自巡视。这样尽心尽力地去做，是孝敬至极。”

18“古者天子诸侯必有公桑蚕室，近川而为之，筑宫仞有三尺[①]，棘墙而外闭之。及大昕之朝[②]，君皮弁素积，卜三宫之夫人、世妇之吉者，使入蚕于蚕室，奉种浴于川，桑于公桑，风戾以食之。岁既单矣，世妇卒蚕，奉茧以示于君，遂献茧于夫人。夫人曰：‘此所以为君服与！’遂副袆而受之③。因少牢以礼之。古之献茧者，其率用此与？及良日，夫人缫，三盆手，遂布于三宫夫人、世妇之吉者，使缫。遂朱绿之，玄黄之，以为黼黻文章④。服既成，君服以祀先王先公，敬之至也。”

注释

①仞：周制七尺或八尺为一仞。

②大昕：季春三月初一的早上。

③副袆：副，带有首饰的假发式。袆，夫人的一种礼服。

④黼黻 fǔfú：泛指礼服上所绣的华美花纹。

译文

“古时候天子诸侯都专门置有自己的桑园和养蚕的蚕室，在靠近河边的地方建造，筑成房院，围墙有一丈高，并在墙头上插上荆棘来护墙以与外界隔绝。等到三月初一的早晨，国君身穿皮弁礼服，通过占卜挑选符合吉兆的宫里的夫人、世妇，让她们进入蚕室，先捧着蚕种在河水里浸泡一下，蚕出生后到公家桑园里采摘桑叶，让风吹干桑叶上的露水。养蚕期结束后，世妇停止养蚕，拿着蚕茧请国君过目后，于是就将蚕茧献给夫人。夫人说：‘这就是用来给国君做祭服的吧！’于是国君夫人就梳着带有首饰的假发式，穿着缀有山鸡图案的礼服接受蚕茧。并用少牢之礼即具备羊豕二牲的食礼款待世妇。古代的献蚕茧之礼，大概就是这样吧？等到良辰吉日，夫人缫丝，在盆里进行三次这样的动作。然后把蚕茧分发给卜得吉兆的宫里夫人、世妇，让她们缫丝。接着就把丝染成红绿玄黄各色，制成绘有华美花纹的礼服。礼服做成后，国君就穿上这种礼服来祭祀先王、先公，这是至诚至敬啊！”

19 君子曰：“礼乐不可斯须去身。致乐以治心，则易直子谅之心油然生矣。易直子谅之心生，则乐；乐则安，安则久，久则天，天则神；天则不言而信，神则不怒而威，致乐以治心者也。致礼以治躬则庄敬，庄敬则严威。心中斯须不和不乐，而鄙诈之心入之矣。外貌斯须不庄不敬，而慢易之心入之矣。故乐也者，动于内者也；礼也者，动于外者也。乐极和，礼极顺，内和而外顺，则民瞻其颜色而不与争也，望其容貌，而众不生慢易焉。故德辉动乎内，而民莫不承听；理发乎外，而众莫不承顺。故曰：‘致礼乐之道，而天下塞焉，举而错之无难矣。’乐也者，动于内者也。礼也者，动于外者也。故礼主其减，乐主其盈。礼减而进，以进为文。乐盈而反，以反为文。礼减而不进则销，乐盈而不反则放。故礼有报而乐有反，礼得其报则乐，乐得其反则安。礼之报，乐之反，其义一也。”①

注释

①本小节已见于前《乐记》，故此节注释略，兹将译文摘录如下。

译文

君子说："礼乐不可片刻离身。深切体会乐的作用并用以陶冶内心，平易正直慈爱诚信之心就会自然而然地产生。有了平易正直慈爱诚信之心就自然感到快乐，感到快乐就会心神安宁，心神安宁就会生命长久，时间久了就会信之如天，惧之如神。这就像天虽不言，而四季的循环从不间断；神虽不怒，而人人敬畏。这就是深切体会乐的作用进而陶冶内心的结果。深切体会礼的作用进而整饬自身的外表，就会给人以庄重恭敬之感，这种庄重恭敬之感会使人感到威严。如果内心有片刻的不和不乐，卑鄙诈伪的念头就会乘机而入；如果外表有片刻的不庄不敬，轻慢惰怠的心态就会乘虚而入。所以说，乐是影响人的内心的；礼影响人的外表的。乐追求的目标在于和悦，礼追求的目标在于和顺。内心和悦而外表恭顺，那么民众只要看到他的脸色就不会与他争执了，只要看到他的外表就不敢轻慢他了。因此，道德的光辉焕发自内心，而民众就没有不听从的，情理体现在外表，民众就没有不顺从的。所以说：'深切体会礼乐的道理，并用以治理天下，就没有什么困难的事情了。'乐，是影响到人的内心；礼，是影响人的外表的。因此礼重在谦逊退让，乐重在丰富充实。礼虽重在谦让，但也要自我激励，以自我激励为美；乐虽重在丰富充实，但要自我控制，以自控为美。礼由于谦让过度而导致礼数有损。乐由于充实过度而导致放纵。所以礼讲究自我激励，乐讲究自我控制。礼做到了自我激励就会感到喜悦，乐做到自我控制就会感到安宁。礼的自我激励，乐的自我控制，都是做到恰如其分，因此，两者的道理是一样的。"

20 曾子曰[①]："孝有三。大孝尊亲，其次弗辱，其下能养。"公明仪问于曾子曰[②]："夫子可以为孝乎？"曾子曰："是何言与？是何言与！君子之所为孝者，先意承志，谕父母于道。参直养者也，安能为孝乎？"

注释

①曾子：孔子弟子。姓曾，名参，字子舆，春秋末年鲁国人。

②公明仪：曾子弟子。

译文

曾子说："孝敬有三种程度。最大的孝敬就是使父母得到尊敬，其次就是不使他们蒙受羞辱，最下等是能赡养父母。"曾子的学生公明仪向曾子问到："老师您可以说做到孝了吧？"曾子回答说："你这是什么话！你这是什么话！君子所谓的孝，就是父母还没有表达出来做儿子的就已经把事情办好了，同时要让父母明白自己做的都是合乎正道的。至于我曾参只不过能养活父母罢了，哪能称得上孝呢？"

21 曾子曰："身也者，父母之遗体也。行父母之遗体，敢不敬乎？居处不庄，非孝也。事君不忠，非孝也。莅官不敬[①]，非孝也。朋友不信，非孝也。战陈无勇，非孝也。五者不遂，灾及于亲，敢不敬乎？亨孰膻芗，尝而荐之，非孝也，养也。君子之所谓孝也者，国人称愿然曰：'幸哉有子如此！'所谓孝也已。众之本教曰孝，其行曰养。养可能也，敬为难。敬可能也，安为难。安可能也，卒为难。父母既没，慎行其身，不遗父母恶名，可谓能终矣。仁者仁此者也，礼者履此者也，义者宜此者也，信者信此者也，强者强此者也。乐自顺此生，刑自反此作。”

注释

①莅：官员到任。

译文

曾子说：“人们的身躯是父母传下来的身体。用父母给的身体生活做事，怎敢不恭敬呢？生活起居不庄重就是不孝。对君主不忠心就是不孝。到地方任官而玩忽职守就是不孝。跟朋友不讲信用就是不孝。战场上作战不勇敢就是不孝。这五者做不到，灾祸会殃及亲人，怎敢不恭敬呢？烹熟牲肉，香气四溢，自己尝过之后再端给父母，这不能算孝，只能算是赡养。君子所说的孝，举国上下都称赞说：‘有这样的儿子的爹娘真是幸福啊！’达到这点，才能算真正的孝。人民的根本教育就是孝道，表现在行为上就是养。赡养是很容易做到的，做到恭敬很困难。能做到恭恭敬敬，但做到自然就更难了。自然如果也能够做到，做到父母过世后继续保持就相当困难了。父母去世后，自己能谨慎行事，不给父母带来坏的名声，这样可以说是终身行孝了。所谓仁就是能在这点上做到仁。所谓礼就是在这点上能履行礼，所谓义就是能在这点上做到义，所谓信就是能在这点上做到信，所谓强就是能在这点上做到强。快乐是顺从孝道行事而产生的，刑罚是为了惩罚违反孝道而制定的。”

22 曾子曰:“夫孝,置之而塞乎天地,溥之而横乎四海[①],施诸后世而无朝夕,推而放诸东海而准,推而放诸西海而准,推而放诸南海而准,推而放诸北海而准。《诗》云:‘自西自东,自南自北,无思不服。[②]’此之谓也。”曾子曰:“树木以时伐焉,禽兽以时杀焉。夫子曰:‘断一树,杀一兽,不以其时,非孝也。’孝有三:小孝有力,中孝用劳[③],大孝不匮。思慈爱忘劳,可谓用力矣。尊仁安义,可谓用劳矣。博施备物,可谓不匮矣。父母爱之,喜而弗忘。父母恶之,惧而无怨。父母有过,谏而不逆。父母既没,必求仁者之粟以祀之。此之谓礼终。”

注释

①溥 pǔ:广大。此处指推广。

②“《诗》云”三句:见《诗经·大雅·文王有声》。

③劳:功劳,建功立业。

译文

曾子说:“孝,措置于天地之间就会充满天下,推广于四海就会充溢四海,施行于后世就时时刻刻存在。推行到东海可以作为准则,推行到西海可以作为准则,推行到南海可以作为准则,推行到北海可以作为准则。《诗经》上说:‘从西到东,从南到北,没有不服从的。’说的就是这种情况。”曾子说:“树木要按时砍伐,禽兽要按时捕杀。孔夫子说:‘砍断一棵树木,杀死一只野兽,不是在适当的时候做,这就是不孝。’孝有三种程度：小孝使用体力，中孝建功立业，大孝为能时刻保持孝心。思念父母的慈爱，努力赡养他们忘记了辛劳，可以说是用力了。尊崇道德，躬行仁义，可以说是用劳了。普施德政，万民受惠，可以说是不匮了。父母喜爱自己，就欣喜永不忘记。父母不喜欢自己，就心中自我反省而没有怨言。父母有过错，积极劝告但不能粗暴顶撞。父母过世后，即使家境贫困，也要求得仁人的粮米来祭祀，这就叫作礼终。”

23 乐正子春下堂而伤其足[①]，数月不出，犹有忧色。门弟子曰：“夫子之足瘳矣[②]，数月不出，犹有忧色，何也？”乐正子春曰：“善如尔之问也，善如尔之问也！吾闻诸曾子，曾子闻诸夫子曰：‘天之所生，地之所养，无人为大。父母全而生之，子全而归之，可谓孝矣。不亏其体，不辱其身，可谓全矣。’故君子顷步而弗敢忘孝也。今予忘孝之道，予是以有忧色也。一举足而不敢忘父母，一出言而不敢忘父母。一举足而不敢忘父母，是故道而不径，舟而不游，不敢以先父母之遗体行殆。一出言而不敢忘父母，是故恶言不出于口，忿言不反于身[③]。不辱其身，不羞其亲，可谓孝矣！”

注释

①乐正子春：曾子弟子。姓乐正，名子春。

②瘳 chōu：病愈。

③反：王引之说当作“及”。

译文

乐正子春下堂时，不小心扭了脚，几个月不出门，脸上还带着忧色。他的弟子说：“先生的脚已经好了，几个月不出门，脸色还有忧色，这是为什么呢？”乐正子春说：“你问得真好啊！你问得真好啊！我听曾子说过，曾子听孔子说过：‘天之所生，地之所养，没有比人更高贵了。父母完整地把自己生了下来，做子女的就应该完完全全归还给他们，可以说是孝了。不使身体受到伤害，不使身体辱没，可以说是全整了。’所以，君子每走一步都不敢忘记孝道。现在我忘记了保全身体的孝道，所以脸有忧色。每一抬脚，每一开口，都不敢忘记父母。每一抬脚都不敢忘记父母，所以走路就走大道而不走小路，过河就乘船而不游水，不敢用父母给的身体做危险的事情。每一开口都不敢忘记父母，所以不说恶言恶语，也不会招来别人的辱骂。不让自己的身体受辱，不让父母蒙受羞辱，这可以说是做到孝了。”

24 昔者有虞氏贵德而尚齿[①]，夏后氏贵爵而尚齿，殷人贵富而尚齿，周人贵亲而尚齿。虞、夏、殷、周，天下之盛王也，未有遗年者，年之贵乎天下久矣，次乎事亲也。是故朝廷同爵则尚齿，七十杖于朝，君问则席；八十不俟朝，君问则就之，而弟达乎朝廷矣[②]。行肩而不并，不错则随，见老者则车徒辟，斑白者不以其任行乎道路，而弟达乎道路矣。居乡以齿，而老穷不遗，强不犯弱，众不暴寡，而弟达乎州巷矣。古之道，五十不为甸徒[③]，颁禽隆诸长者，而弟达乎狩狩矣[④]。军旅什伍，同爵则尚齿，而弟达乎军旅矣。孝弟发诸朝廷，行乎道路，至乎州巷，放乎獀狩，修乎军旅，众以义死之而弗敢犯也。

注释

①尚齿：尊重年长者。

②弟：同“悌”。

③甸徒：古代六十四井为甸，按甸为军赋、田役征发的徒卒为“甸徒”。郑玄注：“甸，六十四井也，以为军田出役之法。五十始衰，不从力役之事也。”

④獀 sōu 狩：即田猎。獀，古代君主春天围猎。狩，冬天围猎。

译文

从前虞代尊重有德之人，同时也崇尚年长之人，夏代尊重有爵位之人，同时也崇尚年长之人，殷代尊重富贵之人，同时也崇尚年长之人，周代尊重有亲属关系之人，同时也崇尚年长之人。虞、夏、殷、周，是天下公认的盛世，都没有忽视对年长者的尊崇，年长之人被天下看重已经很久了，其重要性仅次于侍奉父母。因此，在朝廷上，彼此官爵相同，则年长者居上位，七十岁的官员可以扶持手杖上朝，国君向他询问，就要赐给他坐席。八十岁的官员不用再上朝，如果国君想向他询问就要到他家里去，这就是孝悌通行于朝廷了。在道路上行走，不能和年长者肩并肩，是兄辈就错后一点，是父辈就跟在其后，见到老者不论是乘车的还是步行的都要让路，不让头发花白的老人背负东西走在道路上，这就是孝悌通行于道路了。在乡间居住，也要讲究长幼，不遗弃年老贫穷的人，强者不欺凌弱者，众者不欺负寡者，这就是孝悌通行于州巷了。按照古代的规矩，年龄到了五十岁就不用服为军赋、田役征发的差役了，分配猎物时，让年长者多拿点，这就是孝悌通行于田猎了。在军队里，相同的爵位就年长者居于上位，这就是孝悌通行于军旅了。孝悌之道发起于朝廷，通行于道路，到达于州巷，行使于田猎，实行于军旅，民众凭着道义捍卫孝悌，这样就没人敢来侵犯。

25 祀乎明堂[①]，所以教诸侯之孝也。食三老、五更于大学，所以教诸侯之弟也。祀先贤于西学[②]，所以教诸侯之德也。耕借，所以教诸侯之养也。朝觐，所以教诸侯之臣也。五者，天下之大教也。食三老、五更于大学，天子袒而割牲，执酱而馈，执爵而酳[③]，冕而揔干[④]，所以教诸侯之弟也。是故乡里有齿而老穷不遗，强不犯弱，众不暴寡，此由大学来者也。天子设四学，当入学而大子齿。

注释

①明堂：天子宣明政教的地方。

②西学：周之小学。因在西郊，故名。

③执爵而酳 yìn：天子亲执酒爵，供老人食毕漱口。酳，食毕以酒漱口，

④冕而揔干：头戴礼帽，手执盾牌而舞。揔干，执盾。

译文

周人在明堂祭祀文王，用来教导诸侯孝敬父母。在太学里宴请功德卓著的三老五更，用来教导诸侯敬事兄长。在小学里祭祀前代贤人，用来教导诸侯尊敬有德之人。天子亲自耕田，用来教导诸侯敬养父母。举行朝觐之礼，用来教导诸侯恪守臣职。这五者，是天下的最重要的德育。在太学里宴请功德卓著的三老五更，天子袒开衣襟亲自为他们割肉，亲自手持肉酱请他们进食，吃完后又亲自手持酒杯让他们漱口，再头戴礼帽，手执盾牌为他们献舞，这是用来教导诸侯懂得孝悌。因此，不遗弃年老贫穷的人，强者不欺凌弱者，众者不欺负寡者，这都是从太学里学到的。天子设立四学，入学时，就是太子也要和学子们一样按年龄大小排次序。

26 天子巡守，诸侯待于竟①，天子先见百年者。八十九十者东行，西行者弗敢过；西行，东行者弗敢过。欲言政者，君就之可也。一命齿于乡里，再命齿于族，三命不齿②。族有七十者，弗敢先。七十者不有大故不入朝；若有大故而入，君必与之揖让，而后及爵者。

注释

①竟：通“境”。

②三命不齿：三命，周代分官爵为九等，称九命。三命为公、侯、伯之卿。命，爵命。不齿，不以年齿排序。

译文

天子巡守时，诸侯要在自己的国境上恭敬等候，天子到达后，要先会见百岁老人。八十、九十的老人在道路上往东边行走，往西去的行人见老者走来，就要停下等老者过去再走。老人在道路上往西边行走，往东去的行人见老者走来，也要停下来等老者过去再走。八十、九十的老人如果有政见要讲，国君就要登门拜访。一命官员在乡里要和乡邻按年龄排序，二命的官员就只和族人按年龄排序，三命的官员虽不和他人按年龄排序，但是也不敢居七十岁的族人之前。七十的老人没有特别的原因不入朝堂。如果有重大事情需要入朝，国君也必须对他揖让，然后才与有爵位者见礼。

27 天子有善，让德于天。诸侯有善，归诸天子。卿大夫有善，荐于诸侯。士、庶人有善，本诸父母，存诸长老[①]。禄爵庆赏，成诸宗庙，所以示顺也。

注释

①存：王念孙谓“存”本作“荐”，即进献。

译文

天子实行善政，就归功于天。诸侯有了功绩，就归功于天子，卿大夫做出政绩，就归功于诸侯。士、庶人做了好事，就要归功于父母，归功于长辈。国君颁爵受禄以及进行重大奖赏，都要到宗庙祭告祖先，以表示顺从。

28 昔者圣人建阴阳天地之情，立以为《易》。易抱龟南面。天子卷冕北面[①]，虽有明知之心，必进断其志焉，示不敢专，以尊天也；善则称人，过则称己，教不伐，以尊贤也。

注释

①卷冕：头戴礼帽、身穿龙袍。

译文

从前，圣人明晓天地阴阳之变化所显示的吉凶之兆，归纳而成《易》。掌管卜筮的官员抱着占卜的龟南面而立。天子戴着礼帽穿着龙袍北面而立，虽然天子有智慧之心，也必定要亲自到宝龟前请它决断，以表示不敢独断专行，以表示敬重上天。做了善事，就归功于别人，有了过错，就归咎于自己，教导人们不要妄自尊大，要尊重贤人。

29 孝子将祭祀，必有齐庄之心以虑事[①]，以具服物，以修宫室，以治百事。及祭之日，颜色必温，行必恐，如惧不及爱然。其奠之也，容貌必温，身必诎，如语焉而未之然。宿者皆出[②]，其立卑静以正，如将弗见然。及祭之后，陶陶遂遂[③]，如将复入然。是故悫善不违身，耳目不违心，思虑不违亲。结诸心，形诸色，而术省之[④]，孝子之志也。

注释

①齐 zhāi 庄：严肃庄重。

②宿者：助祭之宾。

③陶陶遂遂：神情恍恍惚惚。

④术：通“述”。追忆。

译文

孝子举行祭祀，必须有恭敬的心来考虑祭事，准备祭服祭品，整修宫室，处理好各种相关事务。到祭祀那天，脸色一定要温和，行为一定要紧张，就好像害怕赶不上自己亲人似的。当进献祭品时，容貌一定要温顺，身体一定要卑曲，好像和亲人说话还没有说出来似的。助祭的宾客退出庙门时，孝子躬身端正地站立，好像将要见不到亲人的样子。到祭祀完毕以后，神情恍惚，就好像亲人还会重新进来的样子。所以，诚挚善良不离开自身，所见所闻不离开心境，思虑不离开亲人。郁结在心中，表现于颜色，而反复地思念，这就是孝子的心态。

30 建国之神位，右社稷而左宗庙①。

注释

①此句当在《祭法篇》，疑错简于此。

译文

建立国中祭祀的神位：社神和稷神的祭坛要建在王宫内的右方，而宗庙要建在王宫内的左方。

经　解

题解

郑玄云："名曰'经解'者，以其记《六艺》政教之得失也。"本篇题名为"经解"，即对儒家《诗》《书》《乐》《易》《礼》《春秋》六经作的概括性论述。本篇大致可分为三个部分，首先评论六经对人教育的得失；其次论天子应具有的德行；最后论述礼对于国家的重大意义。

1 孔子曰："入其国，其教可知也。其为人也，温柔敦厚，《诗》教也；疏通知远，《书》教也；广博易良，《乐》教也；洁静精微，《易》教也；恭俭庄敬，《礼》教也；属辞比事，《春秋》教也。故《诗》之失①，愚；《书》之失，诬；《乐》之失，奢；《易》之失，贼；《礼》之失，烦；《春秋》之失，乱。其为人也，温柔敦厚而不愚，则深于《诗》者也；疏通知远而不诬，则深于《书》者也；广博易良而不奢，则深于《乐》者也；洁静精微而不贼，则深于《易》者也；恭俭庄敬而不烦，则深于《礼》者也；属辞比事而不乱，则深于《春秋》者也。"

注释

①失：指过度强调而不能节制，就会有所缺失。

译文

孔子说："进入一个国家，观察那里的风俗民情就可以知道该国的教化如何。那里的民众如果性情温柔、品行敦厚，那就是《诗》教的作用；如果是政见通达、洞察史实，那就是《书》教的作用；如果是见闻广博、神情和顺，那就是《乐》教的作用；如果是神清心静、精深微妙，那就是《易》教的作用；如果是恭敬勤俭、端庄慎重，那就是《礼》教的作用；如果是善于辞令、排比史事，那就是《春秋》教的作用。因此，《诗》教过度，民众就会愚蠢；《书》教过度，民众就会狂妄；《乐》教过度，民众就会挥霍；《易》教过度，民众就会迷信；《礼》教过度，民众就会繁缛；《春秋》教过度，民众以下犯上。作为一国之民，如果能性情温柔，品行敦厚而不愚蠢，那是精通《诗》教的成果；如果能政见通达、洞察史实而不狂妄，那是精通《书》教的成果；如果能见闻广博，神情和顺而不挥霍，那是精通《乐》教的成果；如果能神清心静，精深微妙而不迷信，那是精通《易》教的成果；如果能恭敬勤俭，端庄慎重而不繁缛，那是精通《礼》教的成果；如果能善于辞令，排比史事而不以下犯上，那是精通《春秋》教的成果。"

2 天子者，与天地参①，故德配天地，兼利万物，与日月并明，明照四海而不遗微小。其在朝廷，则道仁圣礼义之序；燕处②，则听《雅》《颂》之音；行步，则有环佩之声；升车，则有鸾和之音。居处有礼，进退有度，百官得其宜，万事得其序。《诗》云："淑人君子，其仪不忒。其仪不忒，正是四国③。"此之谓也。

注释

①参：通“三”。

②燕处：退朝而居。

③“《诗》云”四句：引自《诗经·曹风》。

译文

天子，与天、地并列为三，因此天子的德行与天地相配，恩泽万物，光芒与日月齐辉，普照四海而不遗漏任何一个角落。天子在朝廷上要用仁圣、礼义的道德引导臣民；退朝而居时，就会欣赏《雅》《颂》音乐；走路之时，身上的佩玉发出有节奏的声响；登车行路时，车上的鸾和随车马发出声响。在朝廷或居所，都按礼行事；进退举止，皆有法度，使百官各得其所，万事井然有序。《诗经》上说：“那仁义善良的君子，他的仪表完美无缺。他的仪表完美无缺，可以作为四国的榜样。”说的就是这个意思！

3 发号出令而民说[①]，谓之和；上下相亲，谓之仁；民不求其所欲而得之，谓之信；除去天地之害，谓之义。义与信，和与仁，霸王之器也。有治民之意而无其器，则不成。

注释

①说：同“悦”。

译文

发号施令而民众感到喜悦就称为和，上下之间相亲相爱就称为仁，民众不需提要求就能满足愿望就称为信，消除天地之间的灾害就称为义。义与信，和与仁，是称霸称王的工具。有治理民众的志向而没有治理的工具，是不能成功的。

4 礼之于正国也，犹衡于轻重也，绳墨之于曲直也，规矩之于方圆也。故衡诚县[①]，不可欺以轻重；绳墨诚陈，不可欺以曲直；规矩诚设，不可欺以方圆；君子审礼，不可诬以奸诈。是故隆礼由礼，谓之有方之士；不隆礼，不由礼，谓之无方之民。敬让之道也，故以奉宗庙则敬，以入朝廷则贵贱有位，以处室家则父子亲、兄弟和，以处乡里则长幼有序。孔子曰："安上治民，莫善于礼。"此之谓也。

注释

①县 xuán：古"悬"作"县"。

译文

礼对于治理国家的作用，就如秤对于度量轻重，墨斗对于测量曲直，圆规方尺对于画圆画方。所以，如果把秤悬挂起来，度量轻重有了标准就不能欺骗人了；墨斗线绳拉开，测量曲直有了标准就不能欺骗人了；圆规方尺用上，画圆画方有了标准就不能欺骗人了；君子明辨于礼，就无法以奸诈来欺骗他。所以，重视礼，实践礼，称为有道之人；不重视礼，不实践礼，称为无道之人。这个道就是虔敬谦让之道。因此，以礼来侍奉宗庙祖先就会显得虔敬；把礼运用到朝廷之上，就会使贵贱各居其位；以礼管理家庭，就会使父子相亲、兄弟和睦；以礼治理乡里，就能使长幼有序。孔子说："使君主安心、治理民众，没有比礼更好的了。"说的就是这个道理。

5 故朝觐之礼，所以明君臣之义也；聘问之礼，所以使诸侯相尊敬也；丧祭之礼，所以明臣子之恩也；乡饮酒之礼，所以明长幼之序也；昏姻之礼，所以明男女之别也。夫礼，禁乱之所由生，犹坊止水之所自来也，故以旧坊为无所用而坏之者，必有水败；以旧礼为无所用而去之者，必有乱患。故昏姻之礼废，则夫妇之道苦，而淫辟之罪多矣；乡饮酒之礼废，则长幼之序失，而争斗之狱繁矣；丧祭之礼废，则臣子之恩薄，而倍死忘生者众矣[①]；聘、觐之礼废，则君臣之位失，诸侯之行恶，而倍畔侵陵之败起矣。

注释

①倍：通"背"。背弃。

译文

朝觐之礼，是用来明确君臣关系的。聘问之礼，是用来让诸侯相互尊敬的。丧、祭之礼，表明臣子、人子对君、对父的感恩。乡饮酒之礼是用来明确长幼之序的。婚姻之礼，是用来表明男女有别的。礼，可以用来消除祸乱的根源，就像大堤可以防止水患的发生。所以，认为旧的大堤没有用处而加以破坏，就一定会发生水患。认为旧礼没有用处而予以废除，就一定会导致天下大乱。因此，如果废除婚姻之礼，而奸淫邪僻的罪行增加。如果废除向饮酒之礼，就会使长幼之序混乱，而争斗的官司就会增多。如果废除聘问、朝觐之礼，那么君臣关系就遭到破坏，臣子就会犯上作乱，互相攻伐的祸乱就会发生。

6 故礼之教化也微，其止邪也于未形，使人日从善远罪而不自知也，是以先王隆之也。《易》曰："君子慎始，差若豪厘①，缪以千里②。"此之谓也。

注释

①豪：通"毫"。

②缪：通"谬"。

译文

所以，礼的教化作用是细微而隐蔽的，它在邪念没有形成时就予以防止，让人在不知不觉中走向善良，远离邪恶，所以先王非常重视它。《易》上说："君子非常重视事情的开始，开始时一点小小的差错，最后导致极大的祸患。"说的就是这个道理。

儒　行

题解

本篇通过孔子与鲁哀公的谈话，历述儒者的行为，篇中详细列举了儒者的高贵品德。郑玄《礼记目录》云："名曰'儒行'者，以其记有道德者之所行也。"

1 鲁哀公问于孔子曰："夫子之服，其儒服与？"孔子对曰："丘少居鲁，衣逢掖之衣。长居宋，冠章甫之冠[1]。丘闻之也：君子之学也博，其服也乡。丘不知儒服。"哀公曰："敢问儒行。"孔子对曰："遽数之，不能终其物。悉数之，乃留，更仆未可终也。"

注释

①章甫：殷制礼冠。

译文

鲁哀公向孔子问道："先生的衣服，是儒者特有的吧？"孔子回答说："我年少时住在鲁国，就穿鲁国的逢掖之衣；长大了住在宋国，就戴殷代的章甫之冠。我听说：君子对自己的要求是，学问需广博，穿衣需入乡随俗。我不知道天下有什么儒服。"哀公又问道："请问儒者的行为有何特点呢？"孔子答道："要是我仓促地加以概括，则无法全面描述。若要全部讲述需要很长时间，恐怕当值的仆人到了更替的时候也讲不完。”

2 哀公命席。孔子侍曰：“儒有席上之珍以待聘，夙夜强学以待问[①]，怀忠信以待举，力行以待取。其自立有如此者。”

注释

①强学：努力学习。

译文

哀公宴请孔子。孔子陪坐，说：“儒者的德行就像筵席上的宝玉，等待诸侯的聘用；夜以继日地学习，等待着别人的询问；心怀忠信，等待别人的举荐；勉力而行，等待别人的录取。儒者就是这样自立修身的。”

3 “儒有衣冠中，动作慎；其大让如慢[①]，小让如伪[②]，大则如威，小则如愧；其难进而易退也。粥粥若无能也[③]。其容貌有如此者。”

注释

①大让：如让天下等。

②小让：如饮食等。

③粥粥 yù：依据《释文》，柔弱谦卑之貌。

译文

“儒者的衣冠适中，做事谨慎；在大事上谦让，让人觉得有傲慢之感；在小事上谦让，让人觉得有做作之感；在处理大问题时，战战兢兢，如履薄冰；在处理小问题时，一丝不苟，貌似心中有愧。让他们主动争取点什么不易，让他们放弃点什么则比较容易，自卑谦让得有点像是无能之辈。儒者的容貌就是这样。”

4“儒有居处齐难[①]，其坐起恭敬，言必先信，行必中正，道途不争险易之利，冬夏不争阴阳之和；爱其死以有待也，养其身以有为也。其备豫有如此者。”

注释

①齐难：严肃恭敬。

译文

“儒者的日常生活非常严谨，其一起一坐都恭恭敬敬，言而有信，行而中正。在路上不因路的好走难走与人争吵，冬天不和别人争抢有阳光的地方，夏天不和别人争抢阴凉的地方。这样是为了爱惜生命以待时机，韬光养晦以备有所作为。儒者做事预先准备就是这样的。”

5“儒有不宝金玉[①]，而忠信以为宝；不祈土地，立义以为土地；不祈多积，多文以为富；难得而易禄也，易禄而难畜也。非时不见[②]，不亦难得乎？非义不合，不亦难畜乎？先劳而后禄，不亦易禄乎？其近人有如此者。”

注释

①不宝金玉：不以金玉为宝。宝，意动词。

②见：同“现”。

译文

“儒者不以金玉为宝，而以忠信为宝。他们不祈求土地，树立起道义来做他们的土地；他们不祈求有多少积蓄，多掌握知识就是他们的财富。请他们出来为官不易，因为他们不在乎高官厚禄；正因为他们不在乎高官厚禄，所以就算出来也很难长期留住。不到特定的时机，他们就隐居不出仕，这难道不是很难请出来做官吗？即使出仕，不是合乎仁义的做法他们就不赞同，进而归隐，这难道不是很难长期留住吗？他们先谈工作而后提俸禄，这难道不是并不在乎俸禄吗？儒者的平易近人就是这样的。”

6“儒有委之以货财，淹之以乐好，见利不亏其义；劫之以众，沮之以兵，见死不更其守；鸷虫攫搏①，不程勇者②；引重鼎，不程其力；往者不悔，来者不豫；过言不再，流言不极③；不断其威，不习其谋。其特立有如此者。”

注释

①鸷 zhì 虫：猛禽野兽。鸷，凶猛的鸟。虫，猛兽。

此处用鸷虫比喻邪恶势力。

②不程勇者：王引之说当作“不程其勇”。

③不极：不追究根源。

译文

“儒者，即便把大量金银财宝赠送给他们，用声色犬马去利诱他们，他们也不会见利忘义。即便用众人来威胁他们，用武器来恐吓他们，他们宁愿献出生命，也不会改变节操。与邪恶势力作斗争，他们不考虑自己的本领；接受艰巨的任务，他们也不估量自己的能力；只要下定决心就坚决去做。决定了的事，做了从不后悔，尚未做的也不作过多考虑。说错了永不再言，对于流言也不去理会。时刻保持威严，决定的事立马就做，绝不优柔寡断。儒者做事的与众不同就是这样的。”

7“儒有可亲而不可劫也，可近而不可迫也，可杀而不可辱也。其居处不淫，其饮食不溽[①]，其过失可微辨而不可面数也。其刚毅有如此者。”

注释

①溽：通“缛”。丰盛。

译文

“儒者可以亲密而不可以威胁，可以亲近而不可以强迫，可以杀头而不可以侮辱。儒者的住处不奢华，儒者的饮食不丰盛，儒者的过失可以委婉地批评而不可以当面指责。儒者的刚强坚毅就是这样的。”

8 “儒有忠信以为甲胄[①]，礼义以为干橹[②]；戴仁而行，抱义而处；虽有暴政，不更其所。其自立有如此者。”

注释

①甲胄：铠甲与头盔。

②干橹：郑玄注：“干橹，小楯、大楯也。”

译文

“儒者把忠信当做甲胄，把礼义当做盾牌；不论是出门还是在家，都时刻恪守着仁义，即使遭到暴政的迫害，也不会改变自己的节操。儒者在操守上的自立自强就是这样的。”

9 “儒有一亩之宫，环堵之室[①]，筚门圭窬[②]，蓬户瓮牖[③]；易衣而出，并日而食；上答之，不敢以疑；上不答，不敢以谄。其仕有如此者。”

注释

①堵：《说文》：“堵，垣也。五版为一堵。”

②圭窬 yú：圭形的门旁小洞。圭一般上尖下方。

③蓬户：用草编织成的门。瓮牖：以破瓮为窗，指贫寒之家。

译文

“尽管儒者的宅院只有十步见方，房子四面的墙只有一堵高，在墙上开个圭形小洞当作进出的门，门是用荆条和竹枝编织而成，有的是用蓬草编成，把破瓮嵌在墙上当作窗户。全家只有一套像样的衣服，只能给要出门的人穿。为了节约，一天的粮食分作两天吃。受到君主的赏识，不怀疑自己的能力不足；得不到君主的重用，也不谄媚以求进。儒者的为官态度就是这样。”

10“儒有今人与居，古人与稽[①]；今世行之，后世以为楷；适弗逢世，上弗援，下弗推，谗谄之民有比党而危之者[②]；身可危也，而志不可夺也；虽危，起居竟信其志，犹将不忘百姓之病也。其忧思有如此者。”

注释

①稽：合。

②比党：勾结合谋。

译文

“儒者虽然和当代人生活在一起，但他们的精神与古代的君子相通；他们现在做的事情，也将成为后世的楷模。他们命途多舛，生不逢时，上司不拉一把，下属也不推一把，还有那些对上谄媚而进谗言的家伙，勾结起来暗算他们。但是这些只能伤害他们的身体，却无法改变他们的志向。即使身处逆境，他们也时刻不忘施展自己的抱负，始终不忘民众的痛苦。儒者的忧患意识就是这样的。”

11“儒有博学而不穷，笃行而不倦，幽居而不淫，上通而不困；礼之以和为贵，忠信之美，优游之法[①]；举贤而容众，毁方而瓦合[②]。其宽裕有如此者。”

注释

①忠信之美，优游之法：郑玄注：“忠信之美，美忠信者也。优游之法，法和柔者也。”

②毁方而瓦合：陈皓说：“陶瓦之事，其初则圆，剖之为四，其形则方，毁其圆以为方，合其方而复圆。”

译文

“儒者虽然已经博学，但仍然不会停止学习；虽然操行忠厚，但仍然力行不怠。隐居独处时不放纵自己，飞黄腾达时不迷失自己。礼的宗旨是以和为贵。以忠信为美德，效法和柔。既能推举贤才，又能容下凡夫俗子；把原则性与灵活性有机地融合起来。儒者的宽容大度就是这样的。”

12“儒有内称不辟亲[①]，外举不辟怨；程功积事，推贤而进达之，不望其报；君得其志，苟利国家，不求富贵。其举贤援能有如此者。”

注释

①辟：通“避”。

译文

“儒者在向朝廷推举贤才时，只考虑被推举者有无真才实学，而不管他是自己的亲属还是自己的仇人。在充分考虑到被推举者的才能和业绩后，才向朝廷举荐并使之得到任用，这样做并不是为了得到回报。只求能实现国君志向，只求为国家造福，自己并不希望得到赏赐。儒者推举贤能的风格就是这样的。”

13“儒有闻善以相告也，见善以相示也，爵位相先也[1]，患难相死也，久相待也，远相致也。其任举有如此者。”

注释

①相先：让人先授。

译文

“儒者听到良言便要告诉朋友，看到善行也要指给朋友。爵位有了空缺，首先想到朋友；灾祸临头，始终与朋友不离不弃。朋友长期失意，自己就不单独出来做官；朋友在远方不得志，自己就请他过来一同出仕。儒者举荐志同道合的朋友就是这样的。”

14“儒有澡身而浴德，陈言而伏，静而正之，上弗知也；粗而翘之[1]，又不急为也；不临深而为高[2]，不加少而为多；世治不轻，世乱不沮；同弗与，异弗非也。其特立独行有如此者。”

注释

①粗而翘之：郑玄注："粗，犹疏也，微也。君不知己有善言正行，则观色缘事而微翘发其意使知之。"

②深：借为低，地位卑下。

译文

"儒者洁身自好，重视道德修养。陈述自己的观点，伏听君命，平静地恪守正道。如果国君对自己的善言没有了解，就会适时稍加提醒，但是也不会过于急躁。不在地位低下的人面前显示自己的高贵，不在功劳少的人面前显示自己的功高。身逢盛世，不会自惭形秽；身逢乱世，不放弃自己的志向。对志同道合者不乱加吹捧，对观点与自己相异者不妄加非议。儒者的特立独行就是这样的。"

15 "儒有上不臣天子[①]，下不事诸侯；慎静而尚宽，强毅以与人，博学以知服；近文章，砥厉廉隅[②]；虽分国，如锱铢[③]；不臣，不仕。其规为有如此者。"

注释

①不臣：不臣服。

②廉隅：棱角，这里引申为方正。

③锱铢 zīzhū：古代的重量单位。锱为一两的四分之一，铢为一两的二十四分之一。

译文

"儒者上不臣服天子，下不侍奉诸侯；谨慎宁静而崇尚宽容，刚强坚毅而从善如流，学问渊博而佩服比自己优秀者。他们喜欢亲近圣贤之书，以磨砺公方正直的品格。即便得到封地和爵位，在他们看来不过是小事而不会动心，不会就此出来做官。儒者的自我约束就是这样的。”

16“儒有合志同方，营道同术；并立则乐[①]，相下不厌；久不相见，闻流言不信；其行本方立义；同而进，不同而退。其交友有如此者。”

注释

①并立：地位相通。

译文

“儒者与朋友志同道合，以同样的方式追求理想；并立于世则皆大欢喜，彼此有了差距而不嫌弃；彼此长久不能相见，即使听到朋友的流言飞语，也绝不相信。友谊的基础建立在中正上、道义上，符合这点就是朋友，违背这点避而远之。儒者的交友原则就是这样的。”

17“温良者，仁之本也。敬慎者，仁之地也。宽裕者，仁之作也。孙接者[①]，仁之能也。礼节者，仁之貌也。言谈者，仁之文也。歌乐者，仁之和也。分散者，仁之施也。儒皆兼此而有之，犹且不敢言仁也。其尊让有如此者。”

注释

①孙：通“逊”。

译文

“温厚善良是仁的根本，恭敬慎重是仁的归宿，胸襟宽阔是仁的发扬，谦逊待人是仁的能力，礼节是仁的外表，言谈是体现仁的文采，唱歌跳舞是体现仁的和谐，有福同享是仁的施行。儒者具备了上述的德行，尚不敢说自己合乎仁。儒者的尊重谦让就是这样的。”

18“儒有不陨获于贫贱，不充诎于富贵[1]，不慁君王[2]，不累长上，不闵有司，故曰‘儒’。今众人之命儒也妄常，以儒相诟病。”

注释

①充诎：骄淫失节。郑玄注：“充诎，欢喜失节之貌。”

②慁 hùn：侮辱。

译文

“儒者不会因贫贱而失志，不会因富贵而骄奢淫逸，不会因国君的侮辱、卿大夫的恐吓、官吏的恐吓而改变节操，所以叫作‘儒’。现在许多人自称为儒，这是虚妄不实的，所以常常以儒者相互笑话。”

19 孔子至舍[①]，哀公馆之，闻此言也，言加信，行加义；“终没吾世，不敢以儒为戏。”

注释

①舍：住所。

译文

孔子返回鲁国，回到住所，鲁哀公在公馆接见了他，听了孔子的这番言论，以后说话就更讲信用，行为更加符合道义；并说：“我这一生，再也不敢拿儒者开玩笑了。”

冠 义

题解

郑玄云："名曰'冠义'者，以其记冠礼成人之义。"本篇是对《仪礼·士冠礼》的具体阐述，并阐发冠礼的意义。

冠礼是古代男子在二十岁时举行的加冠典礼，表示男子已经成人。本篇和以下五篇都是对《仪礼》的解释，以说明冠、婚、射、乡、宴、聘这六种礼仪的含义，此六礼为古代天下通行的礼仪。以本篇作为六篇之首，是因为这六礼都是成人所行之礼，而冠礼则是成人的开始。

1 凡人之所以为人者，礼义也。礼义之始，在于正容体、齐颜色、顺辞令。容体正，颜色齐，辞令顺，而后礼义备，以正君臣、亲父子、和长幼。君臣正，父子亲，长幼和，而后礼义立。故冠而后服备，服备而后容体正、颜色齐、辞令顺。故曰："冠者礼之始也。"是故古者圣王重冠。

译文

人之所以为人，是因为有礼仪。礼仪的起始，在于举止得体、神态端庄、言辞通达。举止得体，神态端庄，言辞通达，然后礼仪的要素才算完备了。以此来使君臣各安其位，父子相亲，长幼和睦。君臣各安其位，父子相亲，长幼和睦，而后礼仪才算确立。因此，举行加冠礼之后，服饰才会完备，服饰完备之后，才能举止得体，才能神态端庄，才能言辞通达。所以说："冠礼，是礼的开始。"因此，古代圣王都非常重视冠礼。

2 古者冠礼：筮日、筮宾，所以敬冠事；敬冠事所以重礼，重礼所以为国本也。故冠于阼[①]，以著代也。醮于客位[②]，三加弥尊，加有成也。已冠而字之，成人之道也。见于母，母拜之，见于兄弟，兄弟拜之，成人而与为礼也。玄冠玄端[③]，奠挚于君，遂以挚见于乡大夫、乡先生，以成人见也。成人之者，将责成人礼焉也。责成人礼焉者，将责为人子、为人弟、为人臣、为人少者之礼行焉。将责四者之行于人，其礼可不重与！

注释

①阼：堂前东阶。

②醮 jiào：一种饮酒的礼节。

③玄端：一种黑色的礼服。

译文

古人在举行冠礼之前，要先通过占筮选定吉日，通过占筮选择主持冠礼的贵宾，这是为了表示对冠礼的重视。重视冠礼是因为重视礼法，重视礼法是因为礼法是国家的根本。在阼阶上举行冠礼，表明受冠者是将来的继承人。请冠者站在客位上，并向他敬酒，加冠三次，一次比一次尊贵，表明他受到了成人的尊重，这是勉励受冠者有所作为。行冠礼之后就给他取一个表字，这是成人的标志。然后去见母亲，母亲先拜他；去见兄弟，兄弟也向他行拜礼。这都是因为他已经是成人了，要向他行成人之礼。戴着黑色的礼冠，穿着黑色的礼服，拿着礼物去拜见国君，把礼物放在地上，表示不敢直接接受；然后拿着礼物去拜见卿大夫、乡里前辈，都是以成人的身份拜见。既然是成年的人了，就要以成人之礼要求他。所谓成人之礼，就是要求他按照为人之子、为人兄弟、为人臣下、为人晚辈的礼节行事。要冠者用这四方面的礼待人，那对冠礼怎么可以不重视呢？

3 故孝悌忠顺之行立，而后可以为人。可以为人，而后可以治人也。故圣王重礼。故曰：冠者礼之始也，嘉事之重者也①。是故古者重冠，重冠故行之于庙。行之于庙者，所以尊重事。尊重事，而不敢擅重事。不敢擅重事，所以自卑而尊先祖也。

注释

①嘉事：即嘉礼，五礼之一。

古人把礼分为吉、凶、军、宾、嘉五种。

译文

一个人做到对父母孝顺，对兄长友爱，对国君忠诚，对长辈顺从，这样才能成为一个真正的人。能够成为真正的人，然后才能够管理别人。所以圣王重视冠礼。所以说：冠礼是礼的开始，是嘉礼中最重要的礼仪。所以古人很重视冠礼。因为重视，所以冠礼要在宗庙中进行。在宗庙之内进行，是因为对冠礼十分推崇。对冠礼这种重要事务十分推崇，因而不敢擅自做主；对如此重要事务不敢擅自做主，因此要在宗庙举行，表示对先祖的尊敬。

昏　义

题解

郑玄云:“名曰‘昏义’者,以其记娶亲之义,内教之以所由成也。”本篇意在说明婚礼的意义。篇中内容大致可分为四个部分,自篇首至“礼之大体也”,说明婚礼的重要性。自“夙兴”以下四节,说明新妇服侍舅姑意义。“古者妇人先嫁三月”一节,论述妇人的顺从是由教育形成。“古者天子”以下,重申婚礼的意义以及妇道。

1 昏礼者,将合二姓之好,上以事宗庙,而下以继后世也,故君子重之。是以昏礼纳采、问名、纳吉、纳征、请期[①],皆主人筵几于庙,而拜迎于门外,入,揖让而升,听命于庙,所以敬慎重正昏礼也。

注释

①“是以”句:据《仪礼·士昏礼》,古代婚礼迎娶有六道主要仪节,即纳采、问名、纳吉、纳征、请期、亲迎,俗称六礼。

译文

所谓婚礼,就是将要结合两姓之好,夫妇对上要祭祀宗庙、对下要传宗接代延续子嗣,所以君子很重视它。因此,在婚前进行纳采、问名、纳吉、纳征、请期这五道礼节时，女方家长都要在家庙里铺设筵几，然后亲自在门外拜迎使者，进入庙中，拱手行礼，引导来宾升阶登堂，并在庙堂上听使者传达男方家长的意见，如此是表示对婚礼的敬慎与重视。

2 父亲醮子而命之迎[①]，男先于女也。子承命以迎，主人筵几于庙而拜迎于门外。婿执雁入[②]，揖让升堂，再拜奠雁，盖亲受之于父母也。降出，御妇车，而婿授绥，御轮三周，先俟于门外。妇至，婿揖妇以入。共牢而食，合卺而酳[③]，所以合体，同尊卑，以亲之也。

注释

①醮：一种饮酒的礼节。

②雁：男方送女方的礼物。

③卺 jǐn：饭后用以盛酒漱口的容器。

酳 yìn：饭后以酒漱口。

译文

迎娶那天，男方的父亲亲自向儿子敬酒，然后命其迎亲，这是表示由男方相迎于前而女方相随于后。儿子奉命前去迎亲，女方的父母在家庙中铺设筵几，然后在门外拜迎女婿。女婿带着雁进入庙门，拱手行礼，升阶登堂，行两拜稽首之礼后，把雁献上，这表示他亲自从女方父母手中迎娶新娘。新娘随婿下堂出门。婿先驾驶新娘所乘的车，将挽着登车的绳索递给新娘，让她挽持上车，由婿为新娘驾车，等到车轮转三圈后，将车子交给随行车夫驾驶，婿先行回到自家门外等候。新娘到时，婿拱手行礼，并请新娘入门。新人共食同一俎中的牲肉，又各执一瓢以饮酒，这表示夫妇一体，以后不分尊卑，相亲相爱。

3 敬慎重正而后亲之，礼之大体，而所以成男女之别，而立夫妇之义也。男女有别，而后夫妇有义；夫妇有义，而后父子有亲；父子有亲，而后君臣有正。故曰：昏礼者，礼之本也。

译文

通过庄敬、谨慎、隆重、堂堂正正的婚礼而后夫妇相亲相爱，这是婚礼的基本准则，从而确定了男女之别，建立起夫妇之间的道义。男女有别，而后确保夫妇之间有道义；夫妇之间有道义，而后父子之间就能亲和；父子之间能亲和，而后就有恰当的君臣关系。所以说：婚礼，是礼的根本。

4 夫礼，始于冠，本于昏，重于丧、祭，尊于朝、聘，和于射、乡，此礼之大体也。

译文

在众礼之中，冠礼是起始，婚礼是根本，丧礼、祭礼最为隆重，乡饮酒礼和乡射礼最和谐，这是礼的主要内容。

5 夙兴[①]，妇沐浴以俟见。质明，赞见妇于舅姑，妇执笲枣、栗、段脩以见[②]。赞醴妇。妇祭脯醢[③]，祭醴。成妇礼也。舅姑入室，妇以特豚馈，明妇顺也。厥明[④]，舅姑共飨妇以一献之礼[⑤]，奠酬。舅姑先降自西阶，妇降自阼阶。以著代也。

注释

①夙兴：早起。这节简述为妇之礼。

具体礼节见《仪礼·士昏礼》。

②笲 fán：竹制的容器，详见陆德明《经典释文》。

段脩：经过捶捣加上姜桂制成的干肉。段，通“腶”。

③祭脯醢 fǔhǎi：这是一种食前之祭。

脯是肉干，醢是肉酱。

④厥明：据孙希旦《礼记集解》，指明日，即成婚后第三天早上。

⑤一献之礼：参见《乐记》相关注释。

译文

成婚后第二天，新妇早早起床，洗头洗澡，准备拜见公婆。天刚亮时，赞者带领新妇去拜见公婆。新妇手捧容器，内盛枣子、栗子、肉干。赞者代表公婆向新妇进醴酒，新妇用肉条、肉酱行祭祀食礼，用醴酒行祭食礼，完成为人妇之礼。公婆回到室中，新妇进献一只煮熟的小猪，这是表示新妇开始尽孝了。第三天早上，公婆一起招待新妇，行一献之礼，新妇再次拿到公婆酬答的酒后，就放下不再饮。公婆先从西阶下堂，然后新妇从东阶下堂，这表示新妇以后将代替婆婆主持家务。

6 成妇礼，明妇顺，又申之以著代，所以重责妇顺焉也。妇顺者，顺于舅姑，和于室人，而后当于夫[①]，以成丝麻布帛之事，以审守委积盖藏[②]。是故妇顺备，而后内和理，内和理而后家可长久也，故圣王重之。

注释

①当：郑玄注："当，犹称也。"即称心。

②委积：孙诒让《周礼正义》上说："凡储聚禾米薪刍之属，通谓之委积。"

译文

完成了为人妇之礼，表明新妇顺从公婆的心意，进而表明新妇有代婆婆主持家务的资格，这都是为了着重强调为人妇要顺从。所谓媳妇的顺从，首先顺从公婆，使家人关系和谐，然后才是让丈夫称心如意，进而完成纺丝、制麻、织造布帛的工作，谨慎地保护住家庭的财产、粮食、房屋、收藏。所以，媳妇具备了顺从的德行，而后家庭就能安定和谐。家庭安定和谐，就会经久不衰，所以圣王特别重视妇顺之德。

7 是以古者妇人先嫁三月，祖庙未毁[①]，教于公宫；祖庙既毁，教于宗室[②]。教以妇德、妇言、妇容、妇功。教成祭之，牲用鱼，芼之以蘋、藻，所以成妇顺也。

注释

①祖庙未毁：据孔颖达疏，指许嫁的女子与国君是同一高祖的，这样她的高祖之庙尚未迁毁。如果许嫁女子与国君的关系更远的话，则许嫁女子的高祖庙已迁毁了。

②宗室：郑玄注："宗子之家也。"

译文

因此，古代妇女在出嫁三个月前，如果高祖之庙还没迁毁，就在国君的宫室接受教育；如果高祖之庙已迁毁，就在宗子的宫室接受教育。教她学习为人之妇应具有的德行、言语、装扮等等。教育结束后，要祭告祖先，祭牲用鱼，用蘋、藻做汤，这是为了培养她顺从的品行。

8 古者天子后立六宫[①]，三夫人、九嫔、二十七世妇、八十一御妻，以听天下之内治，以明章妇顺，故天下内和而家理。天子立六官[②]，三公、九卿、二十七大夫、八十一元士，以听天下之外治，以明章天下之男教，故外和而国治。故曰：天子听男教，后听女顺；天子理阳道，后治阴德；天子听外治，后听内职。教顺成俗，外内和顺，国家理治，此之谓盛德。

注释

①六宫：据孙希旦《礼记集解》，自三夫人到八十一御妻皆分属六宫，以辅佐王后管理内治。

②六官：与上文的"六宫"相对。据《周礼》记载，六官指天官冢宰、地官司徒、春官宗伯、夏官司马、秋官司寇、冬官司空。

译文

古代王后设立六宫，置三夫人、九嫔、二十七世妇、八十一御妻，以管理普天之下妇女的教化，以彰显妇女顺从的德行，因此天下家庭和睦有序。天子设立六官，置三公、九卿、二十七大夫、八十一元士，用来管理天下的政事，以彰显男子应有的教化，因此政事和谐、国家安定。所以说：天子管理对男子的教化，王后管理对妇女顺从的教育；天子治理国家政务，王后治理妇女事务；天子审查三公等官是否尽职，王后审查三夫人等官是否尽职。男子受到良好教化，女子养成顺从品行，全国形成良好的风俗；内外和谐一致，国家安定有序，这是天子和王后伟大的德行。

9 是故男教不脩[①]，阳事不得，適见于天[②]，日为之食；妇顺不脩，阴事不得，適见于天，月为之食。是故日食则天子素服，而脩六官之职，荡天下之阳事[③]；月食则后素服，而脩六宫之职，荡天下之阴事。故天子之与后，犹日之与月，阴之与阳，相须而后成者也。天子脩男教，父道也；后脩女顺，母道也。故曰：天子之与后，犹父之与母也。故为天王服斩衰，服父之义也；为后服资衰[④]，服母之义也。

注释

①脩：通“修”。下同。

②適 zhé：通“谪”。谴责，责备。

③荡：郑玄注：“荡，荡涤，去秽恶也。”

④资衰：郑玄注："资，当为齐，声之误。"齐衰，一种丧服。

译文

所以，如果男子的教化没有做好，政事失当，上天就会表示谴责，发生日食；如果妇女的顺从之教没有做好，六宫的事务处理失当，上天就会表示谴责，发生月食。因此，发生日食时，天子就身穿白色衣服，以示自我反省，并督促六官改进工作，彻底消除政事中错误；发生月食时，王后就身穿白色衣服，以示自我反省，并督促六宫改进工作，彻底消除在妇女事务中的错误。所以，天子和王后，就像太阳与月亮，阴与阳，是相辅相成的关系。天子掌管男子的教化，就像为父之道；王后负责教育妇女顺从，就像为母之道。所以说：天子和王后，就像父亲和母亲。因此，为天子服丧要服斩衰，就像是为父亲服丧；为王后服丧要服齐衰，就像是为母亲服丧。

孝经

开宗明义章第一

题解

本章题为“开宗明义”；开，是开张、揭示的意思；宗，是宗旨；明，即显示，使之明晰；义，即义理；即一开始就阐述了孝的宗旨和根本，以明确其义理。本章为全部《孝经》的纲领，主要阐述了孝道的内容及对社会治理的意义，并指出孝道为一切道德的根本。

1 仲尼居①，曾子侍②。子曰③：“先王有至德要道④，以顺天下⑤，民用和睦，上下无怨。汝知之乎？”曾子避席曰⑥：“参不敏，何足以知之？”子曰：“夫孝⑦，德之本也，教之所由生也。复坐，吾语汝。身体发肤⑧，受之父母，不敢毁伤，孝之始也。立身行道，扬名于后世，以显父母，孝之终也。夫孝，始于事亲，中于事君，终于立身。《大雅》云⑨：‘无念尔祖⑩，聿修厥德⑪。’”

注释

①仲尼居：孔子（前551—前479），春秋时期鲁国陬邑昌平乡（今属山东）人，中国古代著名的思想家、教育家、儒家学派的创始人。仲尼，孔子的字。我国古代以“伯、仲、叔、季”排行，因孔子排行老二，故名。

又据传孔子出生后头中部凹下，四周凸起，犹如曲阜尼山的形状，故而名丘，字仲尼。居，闲居。

②曾子侍：曾子（前505—前436），名参，字子舆，春秋末鲁国南武城（今山东枣庄附近）人，人们尊称为曾子。孔子弟子。侍，陪坐。

③子：古代为男子的通用美称。此处指孔子。

④先王：先代盛德之王，如尧、舜、禹、汤、文、武等。

⑤顺：顺从，使动用法，使天下人顺服。

⑥避席：离席而立，表示恭敬。

⑦夫：发语词。

⑧身体发肤：身，头颈胸腹。体，四肢。发，毛发。肤，皮肤。

⑨《大雅》：下引诗句见《诗经·大雅·文王》。

⑩无念尔祖：无，句首语气词，无义。《左传·文公二年》杜预注："无念，念也。"尔祖，你的祖先。

⑪聿修厥德：聿，句首语气词。

修厥德，指继承发扬文王的德行。

译文

孔子在家中闲坐，他的学生曾子陪坐在旁边。孔子说："先代的圣帝贤王拥有其至高无上的品行和最为重要的道德，用它治理天下，使得天下人心归顺，百姓和睦相处。人们无论是尊贵还是卑贱，都没有怨恨不满。你知道那是为什么吗？"曾子慌忙站起身来，离开自己的座位回答说："我生性愚笨，哪里会知道呢？"孔子说："那就是孝。它是一切德行的根本，各种教化都是由它而生产生的。你回原来位置坐下，我讲给你听。一个人的身体、四肢、毛发、皮肤，都是父母给予的，作为孝子就不敢加以损坏伤残，这是孝的开始。人在世上遵循天道，有所建树，扬名于后世，从而使父母显赫荣耀，这是孝的终极目标。所谓孝，最初是从侍奉父母开始，然后效忠于国君，最终建功立业，功成名就。《诗经·大雅·文王》篇中说过：‘任何时候都要想着你的先祖，要努力发扬光大你祖先的美德啊！’”

天子章第二

题解

本章主要讲明天子应尽的孝道，即博爱广敬，推此及彼，更要对百姓进行道德教化。天子，为统治天下的帝王；天子之孝为五孝之冠，故列为第二章。

子曰[①]："爱亲者，不敢恶于人[②]；敬亲者，不敢慢于人[③]。爱敬尽于事亲[④]，而德教加于百姓，刑于四海[⑤]。盖天子之孝也。《甫刑》云[⑥]：'一人有庆[⑦]，兆民赖之[⑧]。'"

注释

①子曰：本章承接上文，还是孔子对曾参的讲话。

自此以下四章，皆为孔子一次所讲的话。

②恶：厌恶，憎恨。

③慢：轻侮，怠慢。

④尽：竭尽全力。

⑤刑：通"型"。典范，榜样。

四海：指全天下。古人以为我国被四海包围，因此用"四海"代指全国。

⑥《甫刑》：《尚书·吕刑》篇的别名。

⑦一人有庆：一人，指天子。商周时天子自称"予一人"。

庆，善。

⑧兆民赖之：兆民，万民，即天下百姓。古人所说的兆，下数以十亿为兆，中数以万亿为兆，上数以亿亿为兆。而现在一般以一百万为一兆。此处泛言极多。

赖，依靠，依赖。

译文

孔子说："天子作为亲爱自己父母的人，就不会厌恶别人的父母；作为敬重自己父母的人，也不会怠慢别人的父母。天子以亲爱恭敬的心情尽心竭力地侍奉父母，而将德行教化施之于黎民百姓，成为天下人效法的典范，这就是天子的孝道呀！《甫刑》里说：'天子一人有善行，天下万民全都仰赖他。'"

诸侯章第三

题解

本章主要阐述作为一国之君的诸侯应尽的孝道，其孝的关键在于谦虚谨慎，不骄不奢，这样才能安保社稷。诸侯地位次于天子，故于五孝中列为第二加以论说。

“在上不骄[①]，高而不危[②]；制节谨度[③]，满而不溢。高而不危，所以长守贵也[④]；满而不溢，所以长守富也。富贵不离其身，然后能保其社稷[⑤]，而和其民人[⑥]。盖诸侯之孝也。《诗》云[⑦]：‘战战兢兢[⑧]，如临深渊[⑨]，如履薄冰[⑩]。’”

注释

①在上不骄：在上，诸侯贵为一国之君，故曰“在上”。骄，自满，倨傲。唐玄宗注：“无礼为骄。”

②危：危殆，危险。

③制节谨度：制节，指费用开支节约俭省。郑玄注：“费用约俭，谓之制节。”谨度，举止符合礼仪法度，不僭越。

④长守贵：长久地保住诸侯的位子。

⑤社稷：社，土神。稷，谷神。社稷合在一起，常用作国家代称。

⑥和其民人：和，使动用法，使和睦。民人，即人民，百姓。

⑦“《诗》云”句：见《诗经·小雅·小旻》。

⑧战战兢兢：战战，恐惧貌。兢兢，谨慎貌。

⑨如临深渊：如同靠近深渊，唯恐掉下去。临，靠近。

⑩ 如履薄冰：如同在很薄的冰上行走，意在谨慎戒惧。

译文

孔子说："诸侯身居高位而不骄傲，其位置尽管高高在上也不会有倾覆的危险；节约俭省、慎行礼法制度，财富尽管充裕丰盈也不会奢侈腐化。身居高位而没有倾覆的危险，这样就能长久地保住自己的尊贵地位；财富充裕而不奢靡腐化，这样就能长久地守住自己的财富。能够保持富有和尊贵，然后才能保住家国的安稳，使自己的人民和睦相处。这就是诸侯的孝道。《诗经·小雅·小旻》篇中说：'战战兢兢，就像靠近深水潭边恐怕坠落，就像行走在薄冰之上，害怕陷进去那样，小心谨慎地处事。'"

卿大夫章第四

题解

卿大夫，指辅佐天子处理国家事务的高级官员，地位次于诸侯。本章言卿大夫之孝，特别强调卿大夫日常衣着举止要遵守礼制，应为民众做出表率，树立榜样。

“非先王之法服不敢服①，非先王之法言不敢道②，非先王之德行不敢行。是故非法不言，非道不行；口无择言③，身无择行④；言满天下无口过⑤，行满天下无怨恶⑥。三者备矣⑦，然后能守其宗庙⑧。盖卿大夫之孝也。《诗》云⑨：‘夙夜匪懈⑩，以事一人⑪。’”

注释

①法服：按照礼法制定的服装。古代不同等级、不同身份的人要穿不同的服装，以示尊卑贵贱。

②法言：合乎礼法的言语。

③择dù言：不合礼法的言语。

据王引之《经义述闻》，择，通“殬”。败也，不合礼法。

④择行：不合礼法的行为。

⑤口过：言语的过失。

⑥怨恶wù：埋怨和厌恶。

⑦三者：指上文之服饰、言语、德行。

⑧宗庙：古代祭祀先人的场所。

⑨“《诗》云”句：见《诗经·大雅·烝民》。

⑩夙夜匪懈：夙，早晨。匪，通“非”。懈，懈怠。

⑪以事一人：事，侍奉。一人，指周天子。

原诗为赞美周宣王的贤臣仲山甫尽心竭力侍奉宣王。

译文

孔子说：“作为卿大夫，不合乎先王礼法规定的衣服就不敢穿，不合乎先王礼法的言论就不敢说，不是合乎先王礼法规定的行为就不敢做。因此卿大夫不敢乱说不合礼法的话，不敢乱做不合礼法的事；因为言语行为都能自然地遵守礼法道德，那么就没有不合礼法的言语，没有不合礼法的行为。虽然言谈遍于天下，但从无什么过失，虽然做事遍于天下，也不会招致厌恶。只有服饰、言语、行为这三方面都合乎礼法道德，然后才能长久地保住自己的宗庙，以祭祀祖先。这就是卿大夫的孝道。《诗经》上说：‘早早晚晚都不敢懈怠，尽心竭力侍奉天子。’”

士章第五

题解

本章主要论述士人之孝，其孝主要内容为爱、敬、忠、顺。

“资于事父以事母①，而爱同；资于事父以事君，而敬同。故母取其爱，而君取其敬，兼之者②，父也。故以孝事君则忠，以敬事长则顺。忠顺不失③，以事其上，然后能保其禄位，而守其祭祀。盖士之孝也。《诗》云④：‘夙兴夜寐⑤，无忝尔所生⑥。’”

注释

①资：取，拿。此处指要以侍奉父亲之心侍奉母亲。

②兼之：同时具备爱与敬。

③不失：没有过失。

④“《诗》云”句：见《诗经·小雅·小宛》。

⑤兴：起，起床做事。寐：睡觉。

⑥忝：辱，羞辱。尔所生：生养你的人。

译文

孔子说：“用侍奉父亲的态度去侍奉母亲，那么对父亲与对母亲的爱心是相同的；用侍奉父亲的态度去侍奉君主，那么对父亲与对君主的尊敬是相同的。侍奉母亲取亲爱之心，侍奉国君取崇敬之心，而对父亲是爱心与尊敬之心兼而有之。

因此，有孝行的人侍奉国君必能忠诚，敬重兄长的人对上级必能顺从，忠诚与顺从，都做到没有过失，用这样的态度去侍奉国君和上级，就能保住自己的俸禄与官爵，守住自己宗庙的祭祀。这就是士的孝道。《诗经》上说：‘要早起晚睡，兢兢业业，不要辱没了父母的名声。’”

庶人章第六

题解

本章论述平民百姓之孝，其根本在于努力生产、谨慎节用，供养父母。

“用天之道[①]，分地之利[②]，谨身节用，以养父母，此庶人之孝也。故自天子至于庶人，孝无终始[③]，而患不及者，未之有也[④]。”

注释

①用：利用。天之道：指春温、夏热、秋凉、冬寒季节变化自然运行的规律准则。

②分：分别，区别。地之利：指土地之山林、川泽、丘陵、坟衍、原隰不同的特征性质。

③孝无终始：实行孝道，不分贵贱，超越时空，无始无终。

④未之有也：即“未有之也”，没有这样的事情。

译文

孔子说：“利用春温、夏热、秋凉、冬寒季节变化的自然规律，充分区别土地的不同特点，各自播种适宜的庄稼，小心谨慎，节约开支，以此供养父母。这就是庶人的孝道。因此上自天子，下至庶民，孝道是无始无终的，要是有人忧虑自己做不到孝，那是从来没有的事。”

三才章第七

题解

本章进一步阐述孝道的意义。指出孝符合天地运行的法则，也符合万物变化的规律，同时孝也是民众品行中最基本的要素。三才，即天、地、人。

曾子曰："甚哉①，孝之大也！"子曰："夫孝，天之经也②，地之义也③，民之行也④。天地之经，而民是则之⑤。则天之明⑥，因地之利⑦，以顺天下。是以其教不肃而成⑧，其政不严而治。先王见教之可以化民也，是故先之以博爱⑨，而民莫遗其亲⑩；陈之以德义，而民兴行；先之以敬让，而民不争；导之以礼乐，而民和睦；示之以好恶，而民知禁。《诗》云⑪：'赫赫师尹，民具尔瞻⑫。'"

注释

①甚哉：甚，很，非常。哉，语气词，表感叹。

②天之经：指天永恒不变的道理和规律。经，常规、原则。

③地之义：指孝道如大地万物运行有规律一样。

④民之行：指孝道是人之百行中最重要的品行。行，品行。

⑤则：效法。

⑥天之明：天上的日月星辰。

⑦因：依据。

⑧肃：指用严厉的惩治手段强制人们接受。

⑨先之：先，率先实行，带头去做。之，指人民。

⑩遗：遗弃，抛弃。

⑪"《诗》云"句：见《诗经·小雅·节南山》。

⑫赫赫师尹，民具尔瞻：赫赫，声威远扬、气派宏大的样子。师尹，指担任周太师的尹氏。具：都，全部。瞻，仰望。

译文

听了孔子所讲的孝道，曾子说："真了不起啊，孝道太伟大了！"孔子说："孝道，就像天上永恒不变的规律，犹如大地万物永恒的真理，像是民众品行最基本的要素。因为它是天地运动的常道，因此民众效法它而行事。效法天上的日月星辰，依循大地的利人特征，用它来理顺天下。因此先王的教化不需采用严厉手段就能得到成功，先王的政令不需采用严厉办法就能得到施行。先王看到教育能起到感化民众的作用，于是就率先带头实行博爱，这样，民众就没有人遗弃自己的父母；亲自向民众讲述德义的重要性，于是民众觉悟，就会主动实行德义；亲自带头尊敬谦让别人，民众就不会互相争斗；先王制定礼乐来引导民众，而民众就能和睦共处了；向民众昭示什么是好什么是坏，民众就能够辨识善恶，就不会违反禁令。《诗经》上说：'赫赫有名的尹太师，民众时刻都在仰望着你啊！'"

孝治章第八

题解

此章进一步阐述了孝道的作用。指出只要天子、诸侯、卿大夫能够推行孝道，天下就会和平稳定。

子曰："昔者明王之以孝治天下也①，不敢遗小国之臣②，而况于公、侯、伯、子、男乎③？故得万国之欢心，以事其先王④。治国者，不敢侮于鳏寡⑤，而况于士民乎？故得百姓之欢心，以事其先君。治家者，不敢失于臣妾⑥，而况于妻子乎⑦？故得人之欢心，以事其亲。夫然，故生则亲安之，祭则鬼享之⑧。是以天下和平，灾害不生，祸乱不作。故明王之以孝治天下也如此。《诗》云⑨：'有觉德行⑩，四国顺之⑪。'"

注释

①明王：英明圣睿之王。

②遗：遗忘，遗漏。

小国之臣：小诸侯国派到王朝来聘问天子的使臣。

③公、侯、伯、子、男：周之五等爵位。

④以事其先王：指各诸侯国前来参加祭祀先王的典礼。

先王，指"明王"已去世的父祖。

⑤鳏寡：《礼记·王制》上说："少而无父者谓之孤，老而无子者谓之独，老而无妻者谓之鳏，老而无夫者谓之寡。"

⑥臣妾：家中最卑贱的男女仆役。男仆为臣，女仆为妾。
⑦妻子：妻子和儿子。
⑧祭则鬼享之：古人认为人死后灵魂脱离身体而成为“鬼”。享，祭祀时给死者供献酒食，让其享用。
⑨“《诗》云”句：见《诗经·大雅·抑》。
⑩有觉德行：觉，大也。德行，崇高的道德行为。
⑪四国：指天下各地。

译文

孔子说：“从前，圣明的君王以孝道来治理天下之时，对于小国的臣下都以礼相待，不敢遗漏，何况对于公、侯、伯、子、男这样的诸侯呢？”因此能够得到各国诸侯的拥戴，他们都协助天子筹备祭典，前来参加祭祀先王的祭典。作为治理国家的诸侯，对于鳏寡尚不敢欺辱，更何况对于广大的士民呢？因此能够得到全国民众的爱戴，他们帮助诸侯筹备祭典，参加祭祀先君的典礼。作为治理家族的卿大夫，对于最为卑下的男仆女婢尚不敢失礼，更何况自己的妻子、儿女呢？因此能够得到全家人的拥戴，他们都齐心协力来帮助其侍奉父母。因为能够做到这一步，所以，父母在世的时候，能够过着安逸的生活，去世以后，能得到子女以礼法祭祀的供奉。正因为如此，所以天下和睦太平，没有各种天灾，也没有反叛人祸。这些都是圣明的国君以孝道治理天下才出现的。《诗经》上说：‘天子有崇高的道德品行，天下各地都会仰慕归顺。’”

圣治章第九

题解

圣治，即圣人对天下的治理。本章主要论述圣人周公如何利用孝道使社会得到最好的治理，进而阐明圣人之治。

曾子曰：“敢问圣人之德[①]，无以加于孝乎[②]？”子曰：“天地之性[③]，人为贵。人之行，莫大于孝。孝莫大于严父[④]。严父莫大于配天[⑤]，则周公其人也[⑥]。昔者，周公郊祀后稷以配天[⑦]，宗祀文王于明堂[⑧]，以配上帝。是以四海之内，各以其职来祭。夫圣人之德，又何以加于孝乎？故亲生之膝下，以养父母日严[⑨]。圣人因严以教敬，因亲以教爱。圣人之教，不肃而成，其政不严而治，其所因者本也。父子之道[⑩]，天性也，君臣之义也。父母生之，续莫大焉[⑪]。君亲临之，厚莫重焉[⑫]。故不爱其亲而爱他人者，谓之悖德[⑬]；不敬其亲而敬他人者，谓之悖礼[⑭]。以顺则逆[⑮]，民无则焉[⑯]。不在于善，而皆在于凶德，虽得之，君子不贵也。君子则不然，言思可道，行思可乐，德义可尊，作事可法，容止可观[⑰]，进退可度，以临其民。是以其民畏而爱之，则而象之。故能成其德教，而行其政令。《诗》云[⑱]：‘淑人君子[⑲]，其仪不忒[⑳]。’”

注释

①敢：谦词，有冒昧、大胆的意思。

②无以加于孝乎：没有比孝道更重要的吗？

③性：性命。

④严父：尊敬父亲。严，尊敬。

⑤配天：配，是在主要的祭祀对象之外附带祭祀的对象，称“配享”。周代礼制，每年冬至在郊外祭祀上天，同时祭祀父祖先王，这就是配天之礼。

⑥周公：西周初年政治家，姓姬，名旦，周文王的儿子，周武王的弟弟。他协助武王灭商。武王死后，成王年幼，周公摄行周政，平定管叔蔡叔的叛乱。后来，周公被儒家尊为圣人。

⑦后稷：名弃，周人始祖。

⑧宗祀：聚集宗族进行祭祀。文王：姓姬名昌，号西伯。明堂：古代帝王布政及举行祭祀、朝会的地方。

⑨日严：日益尊崇孝敬。

⑩父子之道：父子间由血缘亲情而升华的父慈子孝的关系。

⑪父母生之，续莫大焉：指父母生儿子，儿子再传后，代代相传，这是最孝道中最大的事。

⑫君亲临之，厚莫重焉：君，国君。亲，父亲。
指父亲对儿子来说具有双重身份。既有国君般的威严，又有为父的亲情，在人伦关系上，没有比这更深重的恩义了。

⑬悖德：违背公认的道德标准。

⑭悖礼：违背礼仪。

⑮以顺则逆：此句为“以之顺民，民则逆”的省文，即以“悖礼”“悖德”教化民众，就会产生逆乱。

⑯则：效法。

⑰容止：容貌和举止。

⑱“《诗》云”句：见《诗经·曹风·鸤鸠》。

⑲淑：美好，善良。君子：有德行的人。

⑳仪：仪表。忒：差错。

译文

曾子说：“我很冒昧地请问，圣人的德行，难道没有比孝道重要的了吗？”孔子说：“天地万物之中，以人类最为尊贵。人的品行，没有比孝道更为重大的了。在孝道之中，没有比敬重父亲更重要的了。敬重父亲，没有比在祭天的时以父祖先辈配祀天帝更为重要的了，而只有周公能够做到这一点。从前，周公在国都郊外祭天的时候，把其始祖后稷配祀天帝；在聚族明堂祭祀时，又将父亲文王配祀天帝。因为他这样做，所以全国各地诸侯都恪尽职守，前来协助他的祭祀活动。由此可见，圣人的德行，又有哪一种能超出孝道呢？因为子女对父母的敬爱，在年幼相依父母亲膝下时就产生了，待到长大成人，则日益懂得了对父母的尊敬。圣人就是根据这种子女对父母尊敬的天性，教导人们对父母孝敬；又因为子女对父母天生的亲情，引导他们爱父母。圣人的教化之所以不必运用严厉的手段就可以成功，圣人对国家的管理不必采取粗暴的方式就可以治理好，是因为他们因循的是孝道这一天性。父亲与儿子的亲恩之情，体现了人类天生的本性，也体现了君主与臣属之间的义理关系。父母生下儿子，儿子以传宗接代，孝道中没有比这更重要的事了；父亲对于子女皆有君王和父亲的双重身份，既有国君般的威严，又有为父的亲情，在人伦关系上，没有比这更深重的恩义了。所以那种不敬爱自己的父母却去敬爱其他人，叫作违背道德；不尊敬自己的父母而尊敬其他人，就叫作违背礼法。如果有人用违背道德和违背礼法的行为去教化民众，只会产生逆乱。民众将无所适从，就无从效法了。不能实行善行教化，却用违背道德礼法的手段统治天下，虽然能一时得志，也是为君子所鄙视的。君子的作为则不是这样的，他们说话，就要考虑能得到人们的称道奉行；他们做事，就会想到可以给人们带来欢乐，他们的道德品行，要考虑能得到人民的尊敬；他们的行为举止，要考虑能得到人民的典范；他们的容貌仪态，要考虑能得到人民的称赞；他们的动静进退，要考虑合乎规矩法度，使人们无可挑剔；君王以这样的作为来治理国家，管理民众，那么民众就会敬畏而爱戴他，学习他，效仿他。所以君王就能够成就其德治教化，使政令顺利地得到推行。《诗经》上说：‘善人君子，其容貌举止毫无差错。’”

纪孝行章第十

题解

本章具体论述了孝行的内容，并对孝子侍奉父母时提出了具体要求，即要做到致敬、致乐、致忧、致哀、致严的五致，同时戒除骄、乱、争。此章反映了儒家对思想精神的重视。

子曰："孝子之事亲也，居则致其敬①，养则致其乐，病则致其忧，丧则致其哀，祭则致其严。五者备矣，然后能事亲。事亲者，居上不骄，为下不乱②，在丑不争③。居上而骄则亡，为下而乱则刑④，在丑而争则兵⑤。三者不除，虽日用三牲之养⑥，犹为不孝也。"

注释

①致：尽。

②为下：身为臣下。

③丑：众，引申为卑贱。

④刑：招致刑罚。

⑤兵：用兵器相互杀戮。

⑥三牲之养：三牲，指猪、牛、羊。古人宴会或祭祀时用三牲，称太牢，是最高级的供奉。

日用三牲之养，指每天为父母提供丰厚的食物。

译文

孔子说："孝子对父母亲的侍奉，日常家居，要竭尽表达对父母的恭敬；在饮食生活的奉养时，要充分使他们高兴；父母生了病，要竭诚地带着忧虑的心情去照顾；父母去世了，要充分表达出悲伤哀痛；对先人的祭祀，要极尽崇敬肃穆的神情。这五个方面都做到了，才可以说对父母尽到了子女的责任。侍奉父母，要身居高位而不骄傲蛮横，为人臣下，而不犯上作乱；地位卑贱，而不与人争斗。身居高位而骄傲自大者，就会招致灭亡；身居下位而为非作乱者，免不了招致刑罚；地位卑贱而与人争斗，则会引起相互残杀。如果以上三项不改，即便对父母天天用牛、羊、猪三牲的美味佳肴尽心奉养父母，也还是不孝之人啊！"

五刑章第十一

题解

此章指出天下的罪行千千万万，而不孝是最大的罪行。劝导人们要尽力行孝。

子曰："五刑之属三千①，而罪莫大于不孝。要君者无上②，非圣人者无法③，非孝者无亲④。此大乱之道也。"

注释

①五刑：指墨、劓 yì、剕 fèi、宫、大辟五种刑罚。墨刑，在额头上刻字涂墨。劓刑，割鼻子。剕刑，砍脚。宫刑，毁坏生殖器。大辟，死刑。

②要：以暴力要挟。

③非：责难，诽谤。

④非：非议，反对。

译文

孔子说："五刑所属的犯罪条款有三千之多，而其中没有比不孝的罪过更大的了。用武力要挟胁迫君主的人，是目无君主；责难诽谤圣人的人，是目无法纪；有非议、反对孝行的人，是目无父母。这三种人，乃是天下大乱的根源。"

广要道章第十二

题解

本章进一步论述如果能将首章的先王“至德要道”加以推广，进而达到天下天平。

子曰：“教民亲爱，莫善于孝。教民礼顺，莫善于悌①。移风易俗②，莫善于乐。安上治民，莫善于礼。礼者，敬而已矣。故敬其父，则子悦；敬其兄，则弟悦；敬其君，则臣悦；敬一人，而千万人悦③。所敬者寡，而悦者众。此之谓要道也。”

注释

①悌：指弟弟对兄长的敬重顺从。

②移：改变。

③千万人：非实指，言人数之多。

译文

孔子说：“教育人民亲近友爱，最好的办法莫过于孝。教育人民礼貌和顺，最好的办法莫过于悌。改变风气、旧的习俗，最好的办法莫过于乐。使国家安定，人民驯服，最好的办法莫过于礼。所谓的礼，归根结底就是一个‘敬’字而已。所以尊敬他人的父亲，其儿子就会高兴；尊敬他人的兄长，其弟弟就高兴；尊敬他人的君主，其臣下就会高兴。敬爱的是一个人，却能使千千万万人高兴愉快。所尊敬的虽然只是少数人，为此喜悦的人却有许多。这就是把推行孝道作为‘要道’的意义所在啊！”

广至德章第十三

题解

本章呼应首章所说的“至德要道”，深入阐发为什么孝道为天下最为高尚的道德。指明天子要在孝、悌、臣三方面给人民作出榜样，这样上行下效，天下大治。

子曰：“君子之教以孝也，非家至而日见之也[①]。教以孝，所以敬天下之为人父者也。教以悌，所以敬天下之为人兄者也。教以臣[②]，所以敬天下之为人君者也。《诗》云[③]：‘恺悌君子[④]，民之父母。’非至德，其孰能顺民如此其大者乎！”

注释

①家至：到家，挨家挨户都亲自拜访。

②臣：为人臣应具备的品德和行为。

③“《诗》云”句：见《诗经·大雅·泂酌》。

④恺悌：和乐安详，平易近人。

君子：泛指品德优良，和善友好的人。

译文

孔子说：“君子用孝道教化人民，并不是挨家挨户去推行，也不是天天当面去教导。以孝道教育人民，是让天下做父亲的人都能得到尊敬。以悌道教育人民，是让天下做兄长的人都能受到尊敬。以为臣之道教育人民，是让天下做君主的能受到尊敬。《诗经》上说：‘和乐平易的君子，是人民的父母。’如果没有这种至高无上的德行，怎么能使天下民众顺从，而达到如此高的境界呢！”

广扬名章第十四

题解

此章论述行孝与扬名后世的关系，详述扬名后世的方法。

子曰："君子之事亲孝，故忠可移于君。事兄悌，故顺可移于长。居家理，故治可移于官。是以行成于内①，而名立于后世矣。"

注释

①行成于内：指孝、悌、治家三种美好品行是在家里养成的。

译文

孔子说："君子侍奉父母亲能竭尽孝道，所以能将对父母的孝心转移为对国君的忠心；侍奉兄长能竭尽悌道，所以能把这种恭敬之心转移为前辈长者的敬顺；在家里能处理好家务，所以能把理家的道理转移为做官治理一方。因此说在家里养成了以上三种美德的人，其名声也就会显扬于后世了。"

谏诤章第十五

题解

本章指出孝子要对父母、君主的不义行为进行劝谏，而不是无条件服从，这也是孝的重要内容。

曾子曰："若夫慈爱、恭敬[①]，安亲、扬名，则闻命矣[②]。敢问子从父之令，可谓孝乎？"子曰："是何言与[③]！是何言与！昔者，天子有争臣七人[④]，虽无道，不失其天下；诸侯有争臣五人，虽无道，不失其国；大夫有争臣三人，虽无道，不失其家；士有争友，则身不离于令名[⑤]；父有争子，则身不陷于不义。故当不义，则子不可以不争于父，臣不可以不争于君；故当不义则争之。从父之令，又焉得为孝乎！"

注释

①若夫：句首语气词，用于引起下文。

②则闻命矣：指已经听过老师的教诲了。

③与：通"欤"。句末语气词，表示感叹。

④争：通"诤"。

⑤令名：好名声。令，善，美好。

译文

曾子说："像慈爱、恭敬、安亲、扬名这些孝道，学生已经听过老师的教诲了，我还想再冒昧地问一下，做儿子的一味遵从父亲的命令，这可以称得上是孝顺吗？”孔子说：“这是什么话！这是什么话！从前，如果天子身边有七个直言谏诤的大臣，纵使天子暴虐无道，他也不至于失去天下；如果诸侯有五个直言谏诤的大臣，即便诸侯暴虐无道，他也不会至于亡国；如果卿大夫也有三个直言谏诤的臣属，即使他是个无道之臣，也不会失去自己的封邑。如果士有直言谏诤的朋友，那么他就不会失去自己的美好名声；为父亲的有敢于直言谏诤的儿子，那么他就不会陷入不义之中。因此在遇到父亲有不义之事时，做儿子的不可以不谏诤力阻；国君有不义行为时，做臣子的不可以不直言谏诤。所以面对不义之事，一定要谏诤劝阻。做儿子的如果只是遵从父亲的命令，又怎么称得上是孝顺呢？”

感应章第十六

题解

本章论述孝悌之道，如果能做到诚心恭敬、圆满无缺，就会和天地、先祖相互感应，从而达到天、地、人和合的境界。

子曰："昔者，明王事父孝，故事天明；事母孝，故事地察；长幼顺，故上下治。天地明察，神明彰矣①。故虽天子，必有尊也，言有父也；必有先也，言有兄也。宗庙致敬，不忘亲也；修身慎行，恐辱先也。宗庙致敬，鬼神著矣。孝悌之至，通于神明，光于四海②，无所不通。《诗》云③：'自西自东，自南自北，无思不服④。'"

注释

①彰：显著，明显。

②光：充满，塞满。

③"《诗》云"：见《诗经·大雅·文王有声》。

④无思不服：指天下没有不归顺的。思，助词，无义。

译文

孔子说："从前，贤明的帝王侍奉父亲非常孝顺，所以也能恭敬地祭祀天帝，因此天就能明了他的恭敬之心；他侍奉母亲非常孝顺，所以也能诚敬地祭祀地神；因此地神就能明白他的孝敬之心；他能理顺处理好长幼上下关系，所以上下各层就会平稳无事。他能明察天地覆育万物的道理，神明感应其诚，就会显现神灵、降临福瑞。所以虽然尊贵为天子，也必然有他所尊敬的人，那就是指他的父亲；必然有长于他的人，那就是他的兄长。到宗庙里祭祀致以恭敬之意，这是表示不敢忘记自己的先人；注重修身养性，行事谨慎小心，这是害怕因自己的过失而使先人蒙受羞辱。到宗庙祀表达敬意，先祖的灵魂就会来到庙堂，赐以护佑。对父母兄长孝敬顺从达到了极致，就可以通达于神明，这种孝道会充满天下，没有任何一个地方不能通达。《诗经》上说：‘从西到东，从南到北，没有人不归顺的。’”

事君章第十七

题解

本章深入论说君子应该如何事君，即发扬君主之美，匡正君主之恶。

子曰："君子之事上也，进思尽忠①，退思补过②，将顺其美，匡救其恶③，故上下能相亲也。《诗》云④：'心乎爱矣，遐不谓矣⑤。中心藏之⑥，何日忘之。'"

注释

①进：上朝见君。②退：退朝回家。

③匡：纠正，扶正。

④"《诗》云"句：见《诗经·小雅·隰桑》。

⑤乎：表感叹。遐：远。谓：诉说。⑥中心：即心中，内心之中。

译文

孔子说："君子侍奉国君，在朝廷上时，要想着怎样为国君竭尽忠心；退朝回家时，要想着怎样补救君王的过失。对于君王正确有益的政令，要坚决服从；对于君王的过失行为，要加以匡正补救，所以君臣关系才能够相互亲敬。《诗经》上说：'心中充溢着爱敬的情怀，相距太远不能倾诉，这片真诚的爱心永久藏在心中，无论何时，都不会忘记！'"

丧亲章第十八

题解

本章专门论述父母死后的孝子的种种行孝活动，作为孝事的终结。

子曰："孝子之丧亲也，哭不偯[①]，礼无容[②]，言不文[③]，服美不安，闻乐不乐[④]，食旨不甘[⑤]，此哀戚之情也。三日而食[⑥]，教民无以死伤生。毁不灭性，此圣人之政也。丧不过三年[⑦]，示民有终也。为之棺、椁、衣、衾而举之[⑧]；陈其簠簋而哀戚之[⑨]；擗踊哭泣[⑩]，哀以送之；卜其宅兆[⑪]，而安措之；为之宗庙，以鬼享之；春秋祭祀，以时思之。生事爱敬，死事哀戚，生民之本尽矣，死生之义备矣，孝子之事亲终矣。"

注释

①哭不偯 yǐ：偯，哭的尾声曲折委婉。

不偯，哭得伤心以致气息竭促，哭声嘶哑没了高低顿挫。

②容：仪态容貌。

③文：文饰，修饰。

④闻乐 yuè 不乐 lè：前"乐"指音乐，后"乐"指快乐。

⑤旨：鲜美可口的食物。

⑥三日而食：孝子三天内不进食，三天后开始吃东西。

⑦丧不过三年：古代礼制规定，孝子为父母服丧三年。在此期间，孝子不参加任何政治、娱乐活动。

⑧棺：即棺材，是用以装殓死者尸体，紧靠尸体的木质尸匣。椁：外棺，套在棺材外面的大棺材。衣：殓尸之衣。衾：给死者覆盖的被单和铺垫的褥子。

⑨簠簋：古代盛放食物的两种器皿。

⑩擗 pì 踊：擗，捶胸。踊，顿足。

⑪宅兆：宅，墓穴。兆，墓园。

译文

孔子说："孝子的父母去世时，要哭得声嘶力竭，发不出悠长曲折的哭腔；他不再注重仪态容貌，言谈不再讲究条理文采，穿上华美的衣服就会心中不安，听到美妙的音乐也不会感到快乐，吃美味的食物也不觉得可口好吃，这都是做孝子的在表达对父母的悲痛哀伤的感情。丧礼规定，父母死后三天，孝子就应当开始吃饭，这是教导人民不要因为哀悼死者而损伤生者的身体。不要因过度的哀伤而违背了人的天性，这是圣贤君子的为政之道。为父母守丧，不超过三年，这是告诉人们居丧是有其终结的。办丧事时，要准备好棺材、外棺，以及穿戴的衣饰和铺盖的被子等，妥善地安置进棺内，陈列摆设好簠簋等器具，以寄托生者的哀痛和悲伤。出殡的时候，捶胸顿足，号啕大哭，悲痛万分地出送。占卜选择墓穴吉地加以安葬。兴建起祭祀用的庙宇，使亡灵有所归依并享受生者的祭祀。每到春夏秋冬季节变化时就举行祭祀，以寄托生者的哀思。父母亲在世时，以爱敬之心来奉养他们，他们去世后，则怀着悲哀之情料理丧事，如此就尽到了为人之子的孝道。完成了父母生前与死后应尽的义务，孝子事亲的任务就算结束了。”

图书在版编目（CIP）数据

礼记·孝经译注 /（西汉）戴圣著；贾德永译注.
—北京：北京联合出版公司，2015.7（2023.8重印）
ISBN 978-7-5502-3921-0

Ⅰ.①礼… Ⅱ.①戴… ②贾… Ⅲ.①礼仪－中国－古代②《礼记》－译文③家庭道德－中国－古代④《孝经》－译文 Ⅳ.①K892.9②B823.1

中国版本图书馆CIP数据核字（2015）第143708号

礼记·孝经译注

作　　者：（西汉）戴圣
译　　注：贾德永
出 品 人：赵红仕
选题策划：梁明德　邵鹏军
责任编辑：王　巍
特约编辑：苑浩泰
封面设计：格林文化
版式设计：格林文化

北京联合出版公司出版
（北京市西城区德外大街83号楼9层　100088）
三河市延风印装有限公司　新华书店经销
字数150千字　960毫米×640毫米　1/16　印张20
2015年9月第1版　2023年8月第3次印刷
ISBN 978-7-5502-3921-0
定价：46.00元